実況中継CD-ROMブックス
高校地学

安藤雅彦の
トークで攻略
センター
地学Ⅰ塾

GOGAKU SHUNJUSHA

はじめに お読みください

音声CD-ROMの使い方

★付属のCD-ROM内の解説音声はMP3形式で保存されていますので，ご利用には**MP3データが再生できるパソコン環境が必要**です。

★このCD-ROMは**CD-ROMドライブにセットしただけでは自動的に起動しません**。でも，難しく考える必要はありません。**下記の手順を踏んでください**。

Windows でご利用の場合

① CD-ROM をパソコンの CD-ROM ドライブにセットします。

② コンピュータ（もしくはマイコンピュータ）を表示し，**[C_CHIGAK]** という表示の CD-ROM のアイコンを右クリックして **[開く]** を選択します。

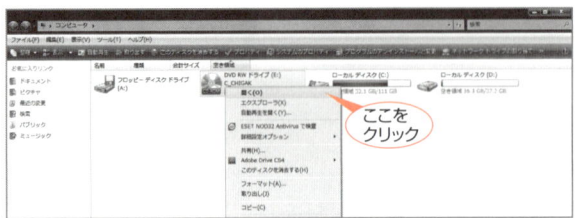

③ 第 1 回～第 5 回の各フォルダが表示されますので，その中からお聞きになりたい回のフォルダを開いてください。

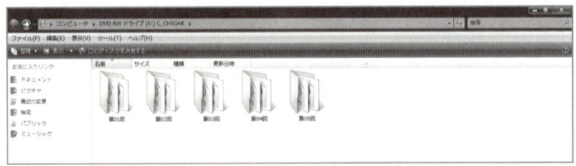

④ ③で選択された回の設問ごとの音声ファイルが表示されます。その中からお聞きになりたいファイルを開いてご利用ください。

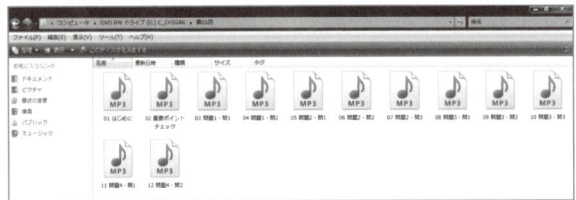

※上記のサンプル画像は一例です。お使いのパソコン環境に応じて，表示画像が多少異なることがございます。あらかじめご了承ください。

Mac でご利用の場合

① CD-ROM をパソコンの CD-ROM ドライブにセットします。
② **[C_CHIGAK]** という CD-ROM のアイコンが表示されたら，そのアイコンをダブルクリックして内容を表示します。
③ 第 1 回～第 5 回の各フォルダが表示されますので，その中からお聞きになりたいフォルダを開いてください。
④ ③で選択された回の設問ごとの音声ファイルが表示されます。その中からお聞きになりたいファイルを開いてご利用ください。

> 本書添付のCD-ROMはWindows仕様のため，Macでご使用の場合，お使いのパソコン環境によって，フォルダ名・ファイル名が文字化けして表示されてしまう場合があります。ただし，"iTunes"等で再生いただく際には，正しく表示されますのでご安心ください。

⚠ 注意事項

❶ この CD-ROM はパソコン専用です。**オーディオ用プレーヤーでは絶対に再生しないでください。**大音量によって耳に傷害を負ったり，スピーカーを破損するおそれがあります。

❷ この CD-ROM の一部または全部を，バックアップ以外の目的でいかなる方法においても無断で複製することは法律で禁じられています。

❸ この CD-ROM を使用し，どのようなトラブルが発生しても，当社は一切責任を負いません。ご利用は個人の責任において行ってください。

❹ 携帯音楽プレーヤーに音声データを転送される場合は，必ずプレーヤーの取扱説明書をお読みになった上でご使用ください。また，その際の転送ソフトの動作環境は，ソフトウェアによって異なりますので，ご不明の点については，各ソフトウェアの商品サポートにお問い合わせください。

はしがき

　地学で高得点をあげるためには，知識の暗記ではなく，その知識を得る根拠を知ることが大切です。例えば，世界史では，歴史の流れという結果を学ぶのですが，地学で扱う地球の歴史では，何を用いて，どのようにして調べるのかを学び，その理解力がセンター試験では問われます。結果だけではなく，いかにすれば知ることができるかを学ぶという点が地学の特徴です。

　長年の間，好評を博している参考書『安藤センター地学Ⅰ講義の実況中継』は，この考えをもとに，かつての講義を文字に起こしたものです。それをもとにして，本書は，実践力を養う目的で入試問題を精選し，およそ5時間の講義を CD-ROM におさめたものです。

　皆さんは小学校以来，授業を通して学んできました。聴いて学んできた皆さんにとって，それに近い形式の本書は，文字を追って読みながら理解するのとはひと味異なる効果が期待できると思い，CD-ROM で講義を提供することになりました。

■ 本書の狙い

　センター試験は，地学の5分野（固体地球，岩石鉱物，地質地史，大気海洋，天文）から均等の配点で出題されています。固体地球ではグラフの読解と図の理解を核とした問題，岩石鉱物では知識の理解度を試す問題，地質地史では地質図の読解とともに地質調査の基本を問う問題，大気海洋では大気や海水の運動を起こすエネルギーと力に関連する問題，天文では量的な扱いを試す問題が出題されています。これらの分野それぞれの特徴的な頻出問題を本書では扱い，実践的な力を身につけてもらおうという狙いをもって各分野の問題を精選し，解説しました。

■ 本書の活用法

「重要ポイントチェック」はセンター試験を受験する上で，最少限必要な内容をまとめたものです。まず最初に，ここで各講の重要事項を確認してください。自信が持てない内容は，慣れ親しんでいる教科書で再確認してください。その上で，問題を解いてみてください。

答え合わせの後，解答・解説の「アドバイス」で，どのような意図を持った問題であるのかを確認するとともに，補強すべきところをチェックした後，CD-ROMの解説講義を聴いてください。

講義は細大もらさず聴くようにして，納得がいかないところは反復して聴くようにしましょう。「重要ポイントチェック」をベースにして必要な事項を各自で補足したり，まとめてください。

■ これからの学習に向けて

センター試験の問題の題材は，教科書には載っていない場合があったり，地学Ⅱの内容をもとにしている場合があります。このような問題には，問題文や図に，問題を解く上で参考になる記述があり，それにしたがって考えれば解けるようになっています。しかし，その問題文を読み解くためには，地学Ⅰの知識と考え方が必要です。

たくさんの事項を暗記するよりも，地学の核となる部分を理解していれば，どのような問題が出ても決して恐れる必要はありません。本書は，そのような核心の内容をもつ問題をとり上げて，一題解くごとに自信を深めることができるようわかりやすく解説しています。

本書を利用して実力を高めてください。

それでは講義でお会いしましょう。

2011年9月

安藤 雅彦

CONTENTS...

第1回　固体地球 ································ 1
- **TRACK 1** はじめに
- **TRACK 2** 重要ポイントチェック
- **TRACK 3** 問題1・問1
- **TRACK 4** 問題1・問2
- **TRACK 5** 問題2・問1
- **TRACK 6** 問題2・問2
- **TRACK 7** 問題2・問3
- **TRACK 8** 問題3・問1
- **TRACK 9** 問題3・問2
- **TRACK 10** 問題3・問3
- **TRACK 11** 問題4・問1
- **TRACK 12** 問題4・問2

第2回　岩石鉱物 ································ 13
- **TRACK 1** 問題1・問1
- **TRACK 2** 問題1・問2
- **TRACK 3** 問題1・問3
- **TRACK 4** 問題1・問4
- **TRACK 5** 問題2・問1
- **TRACK 6** 問題2・問2
- **TRACK 7** 問題2・問3
- **TRACK 8** 問題2・問4
- **TRACK 9** 問題3・問1
- **TRACK 10** 問題3・問2
- **TRACK 11** 問題3・問3・問4
- **TRACK 12** 問題4・問1・問2
- **TRACK 13** 問題4・問3
- **TRACK 14** 問題4・問4

第3回　地質地史 ･････････････････････ 23

- **TRACK 1** 問題1・問1
- **TRACK 2** 問題1・問2
- **TRACK 3** 問題1・問3
- **TRACK 4** 問題1・問4
- **TRACK 5** 問題1・問5
- **TRACK 6** 問題2・問1
- **TRACK 7** 問題2・問2
- **TRACK 8** 問題2・問3
- **TRACK 9** 問題2・問4
- **TRACK 10** 問題2・問5
- **TRACK 11** 問題3・問1
- **TRACK 12** 問題3・問2
- **TRACK 13** 問題3・問3
- **TRACK 14** 問題3・問4
- **TRACK 15** 問題3・問5
- **TRACK 16** 問題3・問6

第4回　大気海洋 ･････････････････････ 35

- **TRACK 1** 問題1・問1・問2
- **TRACK 2** 問題1・問3
- **TRACK 3** 問題2・問1
- **TRACK 4** 問題2・問2・問3
- **TRACK 5** 問題2・問4
- **TRACK 6** 問題3・問1
- **TRACK 7** 問題3・問2
- **TRACK 8** 問題3・問3
- **TRACK 9** 問題4・問1・問2
- **TRACK 10** 問題4・問3
- **TRACK 11** 問題4・問4

第5回　天文 ……… 49

- **TRACK 1** 問題1・問1・問2
- **TRACK 2** 問題1・問3
- **TRACK 3** 問題2・問1
- **TRACK 4** 問題2・問2
- **TRACK 5** 問題2・問3
- **TRACK 6** 問題2・問4
- **TRACK 7** 問題2・問5
- **TRACK 8** 問題3・問1
- **TRACK 9** 問題3・問2・問3
- **TRACK 10** 問題4・問1・問2
- **TRACK 11** 問題4・問3
- **TRACK 12** 問題4・問4

実力判定テスト ……… 61

第1回

固体地球

第1回　固体地球

重要ポイントチェック!!

1　地球の形と大きさ

(1) 地球の形と大きさ

地球楕円体　赤道半径 a が極半径 b よりも約 21 km 長い回転楕円体

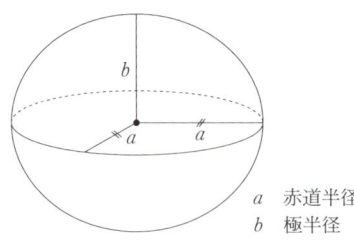

a　赤道半径
b　極半径

〈図1〉　地球楕円体

　平均半径　約 6400 km

　扁平率　$\dfrac{a-b}{a}$

　子午線弧長　高緯度＞低緯度

(2) 重力

　重力　万有引力と地球自転の遠心力の合力　　極＞赤道

　万有引力　$F = G\dfrac{Mm}{R^2}$　　極＞赤道

　　　　　　（G：万有引力定数，$M \cdot m$：物体の質量，R：距離）

　遠心力　回転半径に比例　　赤道＞極

2 地球の内部構造

(1) 地震波の性質

P波 進行方向と平行に振動する縦波。すべての物体中を伝わる。

S波 進行方向と直角に振動する横波。固体中のみを伝わる。

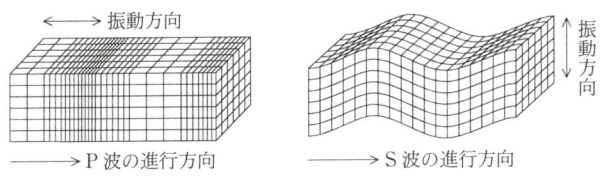

〈図2〉 P波(左)とS波(右)の伝わりかた

地震波の速度 硬い物質中で速く，軟らかい物質中で遅い。

(2) 地球の内部構造

地震波の不連続面で区分…**地殻，マントル，外核，内核**

　　　　　　　　　　外核は横波のS波が伝わらないので液体である。

　　　　　　　　　　大陸地殻は二層構造であり，海洋地殻よりも厚い。

モホ面（モホロビチッチ不連続面）　地殻とマントルの境界

硬い・軟らかいで区分…**リソスフェア**(硬い)，**アセノスフェア**(軟らかい)

　　　　　　　　　　リソスフェアは地殻と上部マントルの最上部を合わせた地球の表層部分

(3) 地球の構成物質　隕石などから推定

地球全体…Fe, O, Si
- 核…………Fe, Ni
- マントル…O, Mg, Si, Fe
- 地殻………O, Si, Al, Fe, Ca, Mg, Na, K

表層部の岩石
- 上部マントル…かんらん岩
- 海洋地殻…玄武岩質岩石（玄武岩や斑れい岩）
- 大陸地殻…上層は花こう岩質岩石，下層は玄武岩質岩石

3 プレートと地震

(1) プレート
リソスフェアは何枚かのプレートに分かれている。
プレート最上部が地殻であって，地殻がプレートなのではない。

(2) プレート境界
誕生・拡大する境界…中央海嶺（かいれい）　（例）大西洋中央海嶺，東太平洋海嶺
衝突・沈み込む境界…海溝，トラフ，造山帯
　　　　　　　　　　　　（例）日本海溝，南海トラフ，ヒマラヤ山脈
すれ違う境界…………トランスフォーム断層　（例）サンアンドレアス断層

(3) プレート境界の地震
中央海嶺……………正断層型地震，M が小さい浅発地震
トランスフォーム断層…横ずれ断層型地震
海溝・造山帯………逆断層型地震，M が大きい巨大地震
　　　　　　　　　深発地震（和達（わだち）-ベニオフ帯）

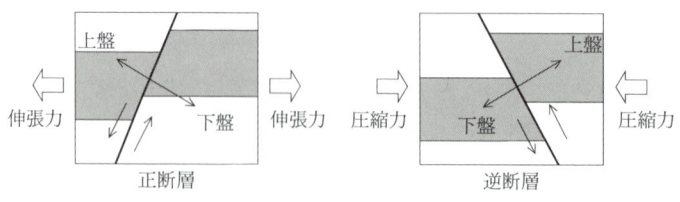

〈図3〉　地盤にはたらく力と断層

(4) 震源と震央
最初に破壊が生じた地点が**震源**，その真上の地表が**震央**である。

(5) マグニチュードと震度
マグニチュード(M)　地震が放出したエネルギーの目安となる値。
　　　　　　　　　　　M が1大きくなるごとにエネルギーは約30倍増加。
震度　震度計で計測する，観測地の揺れの程度…0，1，2，3，4，5弱，5強，6弱，6強，7

4　地球内部の熱

(1) 地球内部の熱源

ウラン U，カリウム K，トリウム Th など放射性同位体の崩壊熱と地球生成時の熱。

［放射性同位体の含有量］

かんらん岩(上部マントル)＜玄武岩(海洋地殻)＜花こう岩(大陸地殻上層)

(2) 地殻熱流量

地殻熱流量＝地下増温率×岩石の熱伝導率

火山活動が活発な地域で地殻熱流量は大きな値を示す。

　(例) 中央海嶺，島弧，ホットスポット

冷えて重くなったプレートが沈み込む海溝では小さい値を示す。

5　地磁気

(1) 地磁気の分布

北半球側に S 極が存在する。

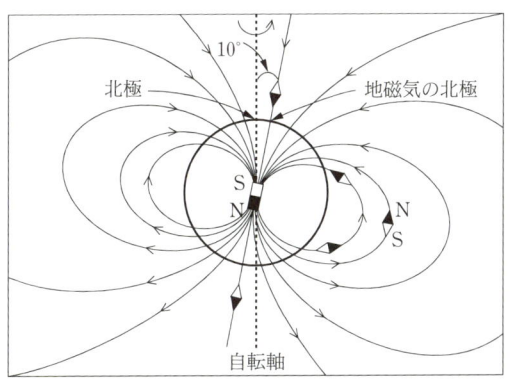

〈図4〉　地球磁場のようす

(2) 地磁気の要素

全磁力，水平分力，鉛直分力，伏角，偏角
偏角を必ず三要素の一つに含める。

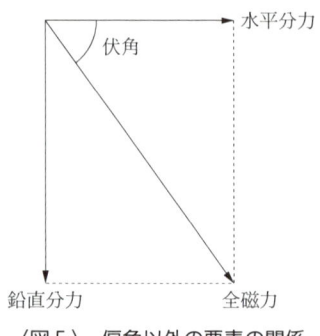

〈図5〉 偏角以外の要素の関係

第1回　固体地球

問題	設問	解答番号	正解	問題	設問	解答番号	正解
1	問1	1	②	3	問1	1	③
	問2	2	⑦		問2	2	②
2	問1	1	②		問3	3	①
	問2	2	③	4	問1	1	①
	問3	3	①		問2	2	③

【アドバイス】

問題1　問1　万有引力，遠心力が向いている方向を作図できるようにしておこう。初心者は中緯度付近の遠心力 f の向きを③や④のように描くことが多い。

問2　 ア と ウ は基本事項である。 イ は間違えやすい問題である。間違えた人は，円を描いて比べるということを記憶しておこう。

問題2　問1　 ア は基本的な数値の一つである。 イ は，物質の状態と地震波速度の関係を理解した上で正解してほしい。または，図1を読み取ることで正解できれば申し分ない。この事項を暗記しているだけでは，応用できない。

問2　頻出問題である。間違えた人は地震波の特徴について整理しなおそう。

問3　これも基本事項である。間違えた人は，マントルのみならず，地殻や核，地球全体の組成についてもう一度記憶しておこう。

問題3　問1　プレートテクトニクスを理解する上で，プレート境界の種類は基礎事項となる。間違えた人は具体例も記憶しておこう。

問2　この分野に頻出のグラフを読む問題である。問題文から式を立てればやさしい。過去問からグラフや図を読む問題を十分に演習して慣れておこう。

問3　地殻熱流量はおろそかになりやすい学習事項である。地殻熱流量の定義，放射性同位体との関連もおさえておこう。

問題4　地磁気に関して出題される場合，問1・問2とも必ず出題される内容である。地磁気の各要素を演習問題の図で再度確認しておこう。

問題1 地球の形と重力

【解説】

問1　重力は万有引力と地球自転の遠心力の合力である。万有引力は距離の2乗に反比例するので，地球中心と地表間の距離が長い赤道で最小，距離の短い北極と南極で最大である。また，遠心力は自転軸までの距離に比例するので，赤道で最大，北極と南極で最小の0である。遠心力は万有引力を弱める方向に作用するので，重力は赤道で最小，北極と南極で最大である。

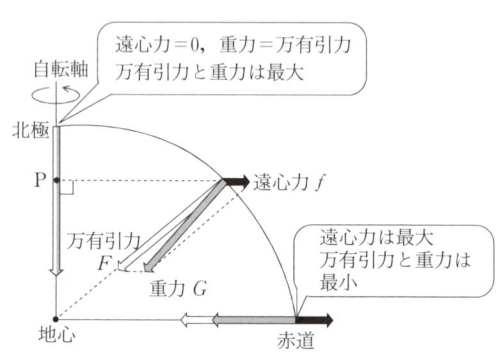

〈図1〉　地球の形と重力

問2　子午線弧長とは緯度差1°あたりの子午線の長さであるが，次の図2(a)のように，地球中心から1°をとって考えるのではなく，図2(b)のように楕円の曲がりに近い円を描いたときの1°の弧の長さを意味している。そのため，円の半径の長い高緯度地方のほうが低緯度地方よりも子午線弧長は長くなる。

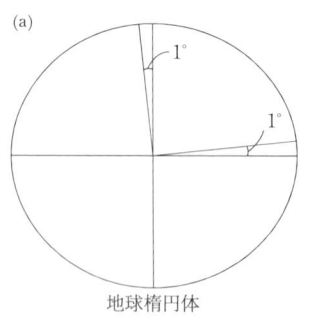

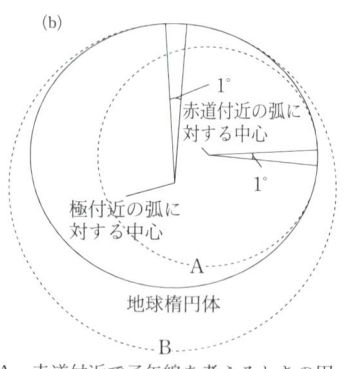

A　赤道付近で子午線を考えるときの円
B　極付近で子午線を考えるときの円

〈図2〉　子午線弧長

問題2 地球の内部構造と組成

【解　説】

問1　地球内部は，地震波の不連続面によって，地殻，マントル，核（外核と内核）に区分されている。震央距離103°まではマントル内を伝わった地震波が届き，103°〜143°の間には地震波が届かない「地震波の影の地帯」ができ，143°以遠にはマントルから核に屈折して入射したP波のみが届き，S波は届かない。マントルと核の境界の深さは約2900 km である。

　地震波の速度は硬い物質中ほど速く，軟らかい物質中では遅い。さらに液体の場合，S波は伝わらない。また，地震波が不連続面で屈折する場合，速度の大小は入射角と屈折角の大きさと大小関係が同じになる（図3）。

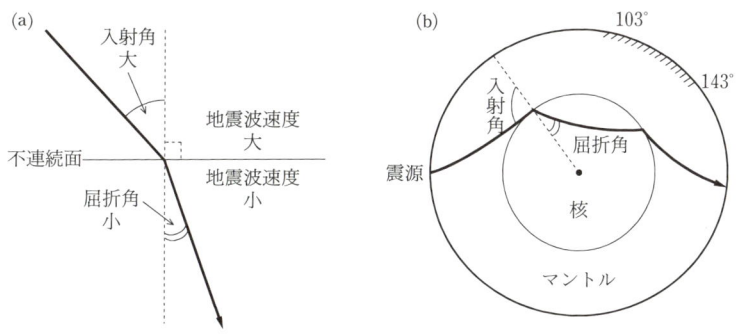

〈図3〉　不連続面での地震波の屈折

　この問題の場合は，問題の図1で，震央距離103°までのP波のグラフを143°まで延長すると，次の図4のように143°から始まるP波のグラフよりも下で交わる（X点）。つまり，グラフを延長して予想した時刻よりも実際には遅い時刻にP波が現れているので，外核中を伝わるP波の速度が小さいことがわかるのである。

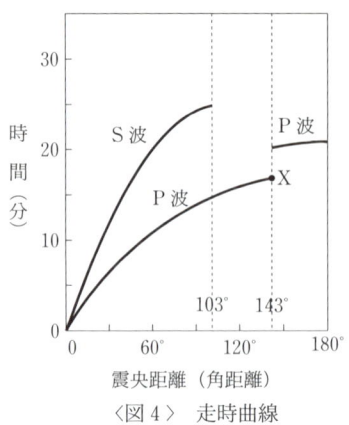

〈図4〉 走時曲線

問2 横波であるS波は液体中を伝わらない。横波とはねじれの状態が伝わる波なので，ねじることのできない液体中は伝わらないのである。S波が伝わらない観測事実から，外核は液体であると推定されている。なお，内核は固体である。

問3 地球内部の組成は隕石から推定されている。マントルの構成元素は，上部マントルがかんらん岩からできていることと関係づけて覚えておくとよい。かんらん岩はかんらん石を主体とする岩石である。かんらん石は珪酸塩鉱物であり，SiとOを含む。また，有色鉱物でもあるので，MgとFeも含む。

問題3 プレートと地震，地殻熱流量

【解　説】

問1 プレート境界は問題のように3種類ある。海洋プレートが生まれ，側方に拡大しているところが中央海嶺である。具体例は大西洋中央海嶺と東太平洋海嶺を記憶しておけばよい。プレートどうしがすれ違う境界にはトランスフォーム断層ができている。具体例は北米西海岸のサンアンドレアス断層を記憶しておこう。プレートどうしが衝突し，密度の大きいプレートが沈み込んでいる境界が海溝・トラフと造山帯である。日本付近の海溝・トラフとしては日本海溝と相模トラフ・南海トラフ，造山帯としてはヒマラヤ山脈を記憶しておこう。

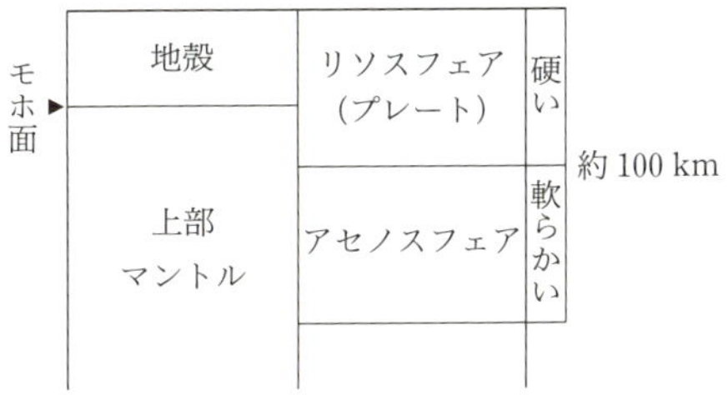

〈図5〉 地球表層部の区分

	地殻	リソスフェア（プレート）	硬い	
モホ面 →				約100 km
	上部マントル	アセノスフェア	軟らかい	

問2 問題文を式にすると次のようになる。

　　地震のエネルギー＝断層面の面積×断層のずれの量

地震のエネルギーの違いは，グラフから，M 7.3の地震が$0.6×10^{16}$〔J〕，M 7.9の地震が$4.5×10^{16}$〔J〕であるので，7.5倍の違いである。したがって，断層の面積は，7.5÷2＝3.75(倍)となる。

問3 ① 地殻熱流量が高い地域はマグマの活動が活発な地域でもある。海洋プレートがつくられる中央海嶺では玄武岩質の火山活動が活発であり，地殻熱流量も高い。

② 古い時代に地殻変動が生じた造山帯では，現在では火山活動や地震活動は不活発である。地殻熱流量も低い。

③ 地球が形成されたときに地球内部に閉じこめられた熱と，放射性同位体の崩壊熱が地球内部の熱源である。

④ 地殻熱流量は地温勾配(地下増温率)と岩石の熱伝導率の積で表される。

問題4　地磁気

【解　説】

問1 磁石はN極とN極，S極とS極は反発し，N極とS極が引き合う。方位磁針のN極がさす方位が北であるので，北の方にはS極がある。

問2 地磁気の三要素には，必ず偏角を含める。

第2回

岩石鉱物

第2回　岩石鉱物

重要ポイントチェック!!

1 マグマの発生

(1) **発生条件**　温度上昇，圧力低下，融点低下

中央海嶺やホットスポットでは，マントル物質が上昇して圧力が低下し，玄武岩質マグマが発生する。

島弧では，沈み込む海洋プレートから水が供給されて島弧下のマントルの融点が低下し，玄武岩質マグマが発生する。

造山帯では，地下深部から上昇したマグマの熱によって花こう岩質地殻が融け，花こう岩質マグマが発生する。

(2) **部分溶融**　上部マントルを構成するかんらん岩の各成分が均一に融け出すのではなく，SiO_2のような融け出しやすい成分が多く融け出すので，かんらん岩質マグマではなく，玄武岩質マグマが発生する。

2 火山活動

〈表1〉　マグマの性質と火山活動

マグマ	玄武岩質	安山岩質	流紋岩質
SiO_2質量 %	52 %		66%
温度	1200℃	1000℃	800℃
粘性	小（流動しやすい） ←――――――→ 大（流動しにくい）		
揮発性物質量	少ない ←――――――→ 多い		
	中央海嶺・ホットスポット ←―――――― 島　弧 ――――――→		
	アイスランド　←―三原山―→　桜島		雲仙普賢岳(平成新山)
	ハワイ島		昭和新山
火山地形	溶岩台地・盾状火山	成層火山	溶岩円頂丘

(1) **中央海嶺**　玄武岩質火山活動。枕状溶岩（まくら）が流れ出る。
(2) **ホットスポット**　マントル深部から高温物質が上昇している場所。
　　（例）ハワイ島　玄武岩質火山活動。
(3) **島弧**　火山前線よりも大陸側に火山が分布する。
　　　　　　安山岩質火山活動を中心に多様な火山活動が生じている。

3　火成岩の分類と性質

SiO₂質量%	45%	52%	66%	
	超塩基性岩	塩基性岩	中性岩	酸性岩
深成岩	かんらん岩	斑れい岩	閃緑岩	花こう岩
火山岩		玄武岩	安山岩	デーサイト・流紋岩
密度	大 ←――――――――――→ 小			
色指数	大(黒い) ←――――――――→ 小(淡い)			
	超苦鉄質岩	苦鉄質岩	中性岩	珪長質岩

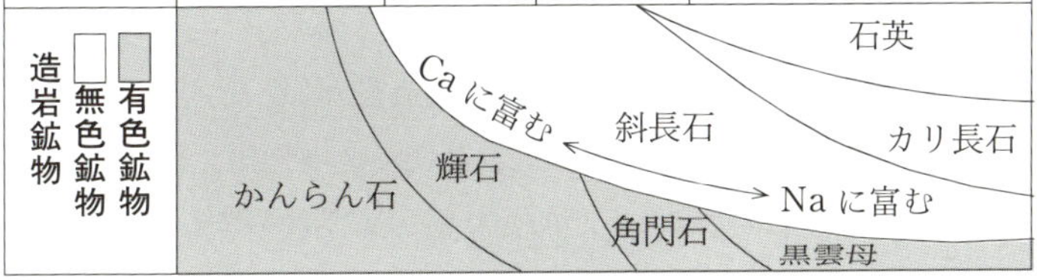

造岩鉱物（□無色鉱物　■有色鉱物）：かんらん石、輝石、Caに富む、斜長石、Naに富む、角閃石、黒雲母、カリ長石、石英

〈図1〉火成岩の分類と性質

(1) **組織**
　等粒状組織　マグマが最初から最後までゆっくりと冷えると，粗粒の鉱物の結晶のみからなる組織となる。深成岩の組織。
　斑状組織（はん）　マグマ溜り（だま）の中でゆっくり冷えている段階で晶出した粗粒の結晶(斑晶)と，地表近くで最後に急冷されてできた石基(小結晶とガラス)に分かれている組織。火山岩の組織。

(2) **化学組成による分類**
　火成岩の成分の中で最も多量に含まれる SiO_2 の量によって分類する。

(3) **色指数** 岩石全体に占める有色鉱物(苦鉄質鉱物)の量。色指数が大きいほど岩石は黒っぽい色になる。

4 結晶分化作用と固溶体

(1) **結晶分化作用** マグマから結晶が晶出すると，残ったマグマの化学組成は変化する。

(2) **固溶体** 結晶構造は変わらず，化学組成が一定の範囲内で連続的に変化する鉱物。

半径が近い元素が入れかわる。

(例) 斜長石：CaとNa　　有色鉱物（苦鉄質鉱物）：MgとFe

火成岩の造岩鉱物のうち，石英を除いた鉱物が固溶体である。

5 変成作用と変成岩

(1) **接触変成作用** マグマの熱が原因

泥岩 → **ホルンフェルス**

石灰岩 → **結晶質石灰岩(大理石)**

(2) **広域変成作用** 造山運動にともなう圧力と熱が原因

高温低圧型変成作用：片麻岩　　低温高圧型変成作用：結晶片岩

(3) **片理** 広域変成岩が特定の方向の面に沿って割れやすい性質。

結晶片岩 片理が発達する。

片麻岩 白黒の縞模様が特徴的であるが，それに沿って割れる片理は弱い。

接触変成岩 片理はない。

（鉱物が特定方向に割れやすい性質はへき開と呼ぶ。片理と区別しよう。）

(4) **多形** 化学組成は同じで，結晶構造の異なる鉱物どうしの関係。生成時の温度圧力条件によって結晶構造が変化し，高圧下で安定な鉱物ほど密度が大きい。

(例) C…ダイヤモンドと石墨

Al_2SiO_5…紅柱石，珪線石，藍晶石

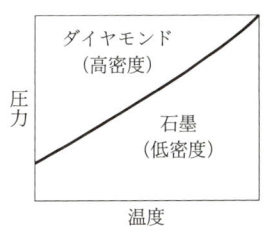
〈図2〉 炭素組成の多形鉱物

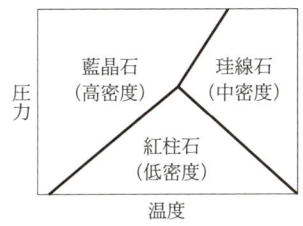
〈図3〉 Al_2SiO_5組成の多形鉱物

6 堆積岩

(1) **続成作用** 堆積物が堆積岩に変化する作用。
堆積物から水が絞り出され，体積が減少するとともに，SiO_2 や $CaCO_3$ が粒子どうしをくっつける作用。

(2) **堆積岩の分類**

〈表2〉 堆積岩の分類

分類名	構成物		岩石の名称
砕屑岩	岩石が砕かれた破片	泥 { 粘土 —1/256mm— シルト } —1/16mm— 砂 —2mm— 礫	→粘土岩 } 泥岩 →シルト岩 →砂岩 →礫岩
火山砕屑岩	火山砕屑物	火山灰 火山礫など	→凝灰岩 →凝灰角礫岩など
生物岩	生物の遺骸	$CaCO_3$（紡錘虫・サンゴ） SiO_2（放散虫・珪藻） C（植物遺体）	→石灰岩 →チャート →石炭
化学岩 [沈殿岩 蒸発岩]	化学成分	NaCl SiO_2 $CaCO_3$ $CaSO_4・2H_2O$	→岩塩 →チャート →石灰岩 →石こう

第2回　岩石鉱物

問題	設問	解答番号	正解	問題	設問	解答番号	正解
1	問1	1	②	3	問1	1	②
	問2	2	②		問2	2	④
	問3	3	②		問3	3	④
	問4	4	⑦		問4	4	②
2	問1	1	④	4	問1	1	②
	問2	2	③		問2	2	②
	問3	3	④		問3	3	②
	問4	4	③		問4	4	②
						5	⑥

【アドバイス】

問題1　問1　マグマの発生条件の基本問題である。重要ポイントチェックに示したマグマ発生の三つの条件を記憶するだけではなく，グラフや図の読み方に慣れよう。
問2　③もしくは④を選択したものは，火山岩と深成岩の分類について確認しよう。①を選択したものは，かんらん岩の部分溶融の特徴について復習しておこう。
問3　粘性を左右する要因が温度と揮発性成分の量であることを重要ポイントチェックの表で確認し，記憶しておこう。
問4　火山の形態については，その名称だけではなく，図に関してもしっかりと見ておこう。

問題2　問1　Aのみならず B～F の化学成分が何であるかもわかってほしい。実況中継で説明したように，岩石鉱物の分野では関連づけて知識を整理してほしい。
問2～4　センター試験の頻出問題である。化学組成・鉱物・岩石を関連づけることが，これらの問題でも重要である。

問題3　問1　変成岩の岩石名は，ホルンフェルス，結晶質石灰岩(大理石)，片麻

岩，結晶片岩の 4 種のみである。広域変成岩と接触変成岩とをしっかり区別しておこう。

問 2　片理は変成岩固有の用語であり，この分野で頻出される。へき開と間違わないようにしよう。

問 3・4　多形の意味と具体的な鉱物群の例は頻出問題である。

問題 4　問 1・2　堆積岩が生成する過程はまれに出題されるだけに，学習がおろそかになりやすい分野である。

問 3・4　堆積岩の種類と特徴に関しては基本問題である。重要チェックポイントの表で確認しておこう。

問題 1　マグマの発生と火山活動

【解　説】

問 1　図 1 中の破線 S よりも左の低温側ではかんらん岩は固体，破線 S よりも右の高温側ではかんらん岩は融けてマグマとなる。点 P は破線 S よりも左側の低温領域にあるので，このままの状態では，かんらん岩は固体である。点 P の温度が高温になれば（①），破線 S を越えるのでマグマが発生する。また，点 P の深さが浅くなっても（②），破線 S よりも高温側の状態となるのでマグマが発生する。浅くなるということは圧力が低下することを意味する。

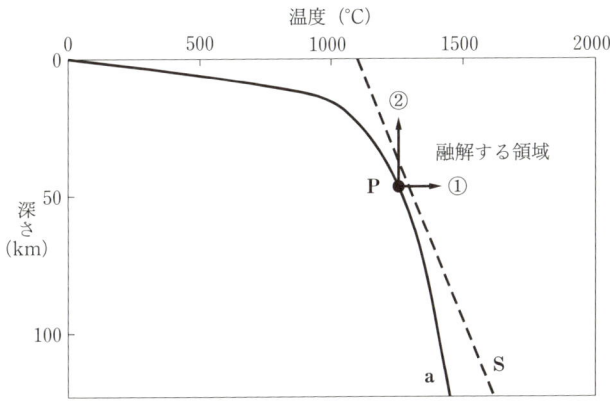

〈図 1〉　地下の温度分布とかんらん岩の融解温度

ホットスポットや中央海嶺では，マントル物質が上昇して圧力が低下することによってマグマが発生すると考えられている。日本列島のような島弧では，沈み込んだ海洋プレートから水が放出され，島弧下のマントル物質の融点が低下してマグマが発生すると考えられている。

問2　上部マントルを構成するかんらん岩が部分溶融して発生するマグマは玄武岩質マグマである。このマグマが地表に噴出して固結すると，火山岩の玄武岩となる。

　かんらん岩を構成する成分が均一に融け出してマグマになるのではなく，成分ごとに融け出す割合が異なることを「部分溶融」と呼ぶ。そのうち SiO_2 成分は融け出しやすいので，かんらん岩と比較してマグマ中の質量％のほうが大きくなって，玄武岩質となるのである。

　マグマや火成岩を構成する成分のうち最も質量％が大きい成分が SiO_2 なので，SiO_2 質量％に基づいて次の表1のような分類をする。また，マグマの冷却速度によって，火成岩は火山岩と深成岩に分類される。地下深くでゆっくりと固結したために，すべて粗粒の結晶からなる等粒状組織を示す火成岩を深成岩と呼ぶ。それに対して，地下深くでマグマがゆっくりと冷えている段階で晶出した粗粒の結晶(斑晶)を，マグマが地表や地表近くで急冷されてできた石基(小結晶とガラス)が取り囲む斑状組織を示す火成岩を火山岩と呼ぶ。

〈表1〉　火成岩の分類

SiO_2 質量％		45	52	66	
分類名	超塩基性	塩基性	中　性	酸　性
火山岩		玄武岩	安山岩	流紋岩
深成岩	かんらん岩	斑れい岩	閃緑岩	花こう岩

問3　マグマの粘性はその温度と揮発性物質(ガス成分)の量に左右される。重要チェックポイントの表で確かめてほしい。

問4　Aは溶岩円頂丘，Bは成層火山，Cはカルデラ，Dは盾状火山である。この問いに関しても重要チェックポイントの表で確かめてほしい。

問題2　火成岩

【解　説】

問1　火成岩は最も質量％の多い SiO_2 成分によって分類されることは問題1で解説したが，それ以外の成分も重要である。

　問題の図1の玄武岩の酸化物の質量％の部分が，地殻を構成する主要な元素の順になっている。つまり，O, Si, Al, Fe, Ca, Mg, Na, K の Al 以降の成分を酸化物で表した順である。A が Al_2O_3, B が $FeO(Fe_2O_3)$, C が CaO, D が MgO, E が Na_2O, F が K_2O である。

　マグマから結晶が晶出すると，残ったマグマの化学組成が変化する。これを結晶分化作用と呼ぶ。

問2　Mg や Fe を比較的多く含み，色の濃い鉱物を有色鉱物(苦鉄質鉱物)と呼ぶ。問題の図1中のかんらん石，輝石，角閃石，黒雲母である。それに対して，石英や長石のように白色や無色の鉱物を無色鉱物と呼ぶ。

問3　斜長石は初期に晶出するものは Ca に富み，後期に晶出するものは Na に富む固溶体である。固溶体とは，結晶構造は変化せずに，化学組成が連続的に変化する鉱物のことである。火成岩の造岩鉱物のうち，石英を除いた鉱物が固溶体である。

問4　有色鉱物を多く含む火成岩ほど密度が大きい。問題では深成岩が指定してあるので，斑れい岩である。

問題3　変成岩

【解　説】

問1　マグマの貫入による熱によって生じる変成作用を接触変成作用，造山運動にともなう圧力と熱によって生じる変成作用を広域変成作用と呼ぶ。

　変成岩の名称は4種類記憶しておけばよい。接触変成岩は，石灰岩が変化した結晶質石灰岩(大理石)，泥岩が変化したホルンフェルスである。広域変成岩は，高温低圧型の片麻岩と低温高圧型の結晶片岩である。

問2　広域変成岩が一定方向に割れやすい性質を片理と呼ぶ。面状や柱状のへき開を示す鉱物が一定方向に並んで片理ができる。圧力の影響を受けて生成した広域変成岩には片理が認められるが，圧力の影響を受けていない接触変成岩には片理は認められない。

問3・4　多形は同質異像とも呼ばれ，化学組成は同じであるが結晶構造が異なる鉱物どうしの関係をさす。具体例は炭素C組成のダイヤモンドと石墨，Al_2SiO_5組成の紅柱石，珪線石，藍晶石の2組を記憶しておこう。重要ポイントチェックに示した図2，3で，それぞれの鉱物の位置も確認しておこう。

　なお，多形の関係にある鉱物の密度は，高圧下で安定なものほど大きいという点も重要事項である。

問題4　堆積岩

【解　説】

問1・2　堆積物が次々と積み重なっていくと，堆積物の荷重によって地下にある堆積物から水が絞り出されて体積が減少し，さらに水に含まれている$CaCO_3$やSiO_2が接着剤として粒子どうしをくっつける。このようにして堆積物は硬い堆積岩に変化する。このような作用を続成作用と呼ぶ。

問3　礫岩，砂岩，泥岩は砕屑岩と呼ばれ，構成する粒子の大きさによって分類されている。2 mm以上の粒子が主体であるときは礫岩，2 mm～1/16 mmの粒子が主体であるときは砂岩，1/16 mm未満の粒子が主体であるときは泥岩と呼ぶ。

　風化されにくい鉱物が砂岩などを構成する粒子となる。風化に強い鉱物としては石英が典型例である。

問4　石灰岩は$CaCO_3$組成であり，紡錘虫などの化石を含む。雨水に溶け込んだ二酸化炭素によって溶け，石灰岩が広く分布する地域ではカルスト地形ができる。

　チャートはSiO_2の化学組成であり，放散虫の化石などを含む硬い岩石である。放散虫を含むチャートは深海底で生成したということも記憶しておくとよい。

第3回

地質地史

第3回　地質地史

重要ポイントチェック!!

1 地層

(1) 地層の新旧判定

　地層累重の法則　下位の地層は古く，上位の地層は新しい。

　切った－切られた関係　切っている構造は新しく，切られている構造は古い。

　　　　　　　　　　　(例) 不整合，貫入，断層，斜交葉理(クロスラミナ)

　級化層理　単層内で粒径の粗いものから細かいものへと堆積が行われた。

(2) 地層の堆積環境

　示相化石　特定の環境に適応していた古生物が生息地で化石となった。

　　　　(例) 造礁サンゴ…暖かい浅海

　　　　　　シジミ…淡水～汽水(淡水と海水が混じった水)

　　　　　　直立樹幹化石…陸上

　級化層理　混濁流堆積物に多く見られる。

　斜交葉理(クロスラミナ)　水流に変化のあるところで形成される。

　枕状溶岩　水中に流れ出した玄武岩質溶岩

　放散虫チャート　深海底

(3) 示準化石

　地層の堆積した時代決定や地層の対比に用いる。

　(条件) 進化速度が速いために種としての生存期間が短く，特定の時代にのみ生息した。広い地域の地層から産出する。個体数が多い。

〈表1〉 記憶すべき示準化石

新生代	第四紀	ナウマン象，マンモス象
	新第三紀	ビカリア，デスモスチルス
	古第三紀	貨幣石(ヌンムリテス)
中生代		アンモナイト，恐竜，三角貝(トリゴニア) イノセラムス
古生代		紡錘虫(フズリナ)…古生代後半 三葉虫

(4) 地層の対比

　対比　離れた地域の地層が同じ時代に生成したことを確定する作業。
　　　　鍵層や示準化石を用いる。
　鍵層　地層の対比に役立つ地層。
　　　　(条件) 短期間に広範囲に堆積し，他の地層と区別がつけやすい。
　　　　(例) 火山灰，凝灰岩

(5) 地層と地殻変動

　褶曲　圧縮力によって地層が変形した構造。
　　　　背斜…山のように曲がった部分
　　　　向斜…谷のように曲がった部分
　不整合　地層が時間的に連続して堆積していない場合の関係。
　　傾斜不整合　下位層と上位層の走向傾斜が異なる。
　　　　　　　　下位層堆積 → 隆起・陸化・侵食 → 沈降 → 上位層堆積
　　平行不整合　下位層と上位層の走向傾斜が同じ。
　　　　　　　　下位層堆積 → 海水面低下・陸化・侵食 → 海水面上昇 →
　　　　　　　　上位層堆積

2 地質時代の区分

(1) **相対年代** 動物界の変遷によって区分した年代。

〈表2〉 生物界の変遷

相対年代	動物界	植物界
新 生 代	哺乳類・鳥類の繁栄	被子植物の繁栄
中 生 代	爬虫類の繁栄	裸子植物の繁栄
古 生 代	両生類の繁栄 魚類の繁栄 殻のある無脊椎動物の繁栄	シダ植物の出現と繁栄 藻類
先カンブリア時代	殻のない無脊椎動物	

(2) **絶対年代（放射年代）** 現在から何年前という数値。
　　　　　　　　　　放射性同位体の崩壊速度が一定であることを利用する。

半減期 もともと存在した原子の個数が半分になるごとの時間
　(例) U－Pb法，K－Ar法 …半減期が長い
　　　 ^{14}C法 …半減期が短い（数万年前まで）

記憶すべき数値

〈表3〉 相対年代の境界の絶対年代値

260万年	新生代第四紀
6550万年	新生代第三紀
2.5億年	中生代
5.4億年	古生代
	先カンブリア時代

最古の化石…………………35億年前
最古の岩石…………………43億年前
地球（太陽系）の誕生……46億年前
宇宙の誕生 …………… 137億年前

3 地球の歴史

次ページの表に，植物界，動物界などをまとめて示す。

〈表4〉 地球の歴史

放射年代	相対年代			動物界		植物界		
1万	新生代	第四紀	完新世	哺乳類・鳥類	人類→	被子植物	メタセコイア	氷河時代
260万			更新世		マンモス象　　　　　　　新人 ナウマン象　　　　　　　旧人 　　　　　　　　　　　　原人			
		第三紀	新第三紀		デスモスチルス　　　　　猿人 ビカリア			草原の出現
6550万			古第三紀		貨幣石			
	中生代	白亜紀		爬虫類	恐竜→　隕石衝突による大絶滅 　　　　←イノセラムス	裸子植物	イチョウ・ソテツ類の繁栄	
		ジュラ紀			鳥類出現 （始祖鳥）			最古の海底岩石
		三畳紀 （トリアス紀）			アンモ　←三角貝（トリゴニア） ナイト　　哺乳類出現			
2.5億	古生代	ペルム紀 （二畳紀）		両生類	生物史上最大　←紡錘虫 の大絶滅　　　（フズリナ）	シダ植物	ロボク リンボク フウインボク	氷河時代 石　　炭
		石炭紀			爬虫類出現			
		デボン紀		魚類	両生類出現			
		シルル紀		有殻無脊椎動物			シダ植物出現	
		オルドビス紀						
		カンブリア紀			魚類出現 ←三葉虫　バージェス動物群 多様な有殻無脊椎動物出現	藻類		
5.4億	先カンブリア時代	原生代		無殻無脊椎動物	エディアカラ動物群			氷河時代
							21億　真核生物出現	氷河時代 縞状鉄鉱層
		始生代					27億　シアノバクテリア 　　　光合成開始	氷河時代
							35億　最古の化石 　　　（バクテリア）	
40億	冥王代			46億年前地球誕生				最古の岩石（43億）

4 地質図

(1) 走向傾斜

走向 層理面(地層の境界面)と水平面の交線の方位。真北を基準にした角度で表す。(例) N 40°E…北から 40°東

傾斜 層理面が地下に向かう方位と，層理面と水平面のなす角度で表す。
(例) 20°N…北へ 20°

走向傾斜の記号

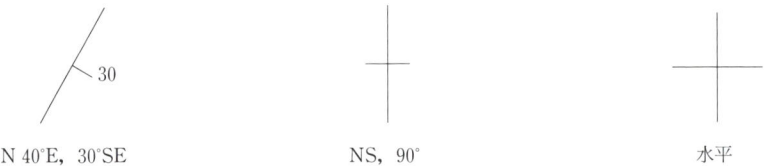

N 40°E，30°SE　　　　　NS，90°　　　　　水平

(2) クリノメーター

走向・傾斜を測定する器具。

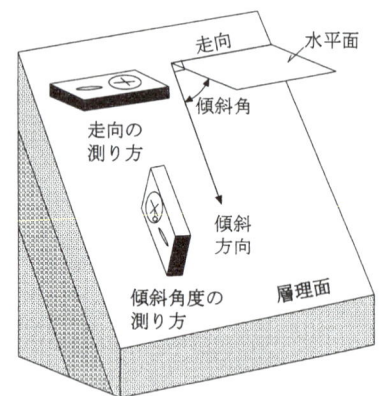

〈図1〉 クリノメーターの使い方

(3) 地質図 (次ページの図2参照)

走向 同一高度の等高線と地層境界線が交わる2点を結ぶ。

傾斜 2本の走向線を引き，その走向線の高度が低くなる方位。

(4) 地質図上の新旧判断

切った―切られた関係 切っている線のほうが新しい。
(例) 不整合，断層，貫入

整合関係の地層の新旧判断 等高線と地層境界線の湾曲の方向が逆の場合のみ，高所に古い地層が現れる（次ページの図3参照）。

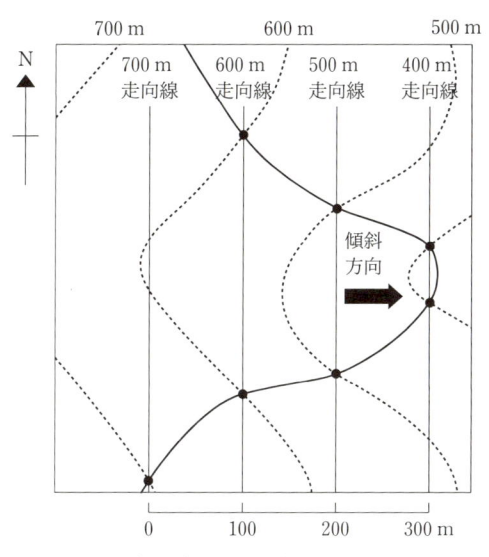

〈図2〉 走向・傾斜の求め方

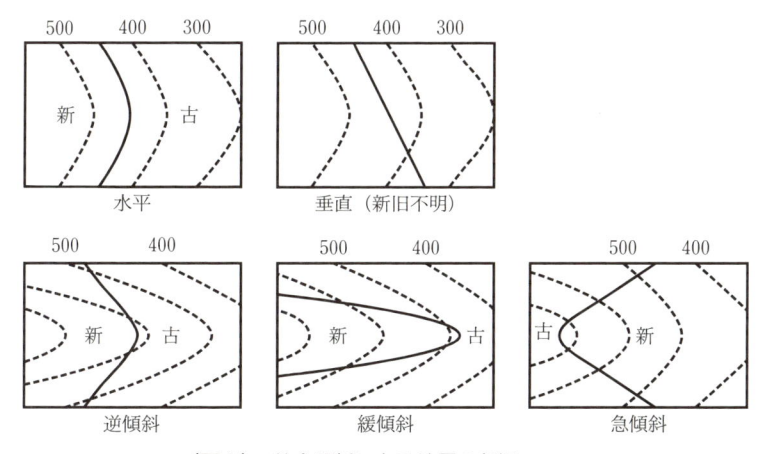

〈図3〉 整合関係にある地層の新旧

(5) ボーリング
　掘削する地点を通る走向線の高度と掘削点の標高の差をとる。
(6) トンネル
　掘削する地点と同じ高度の走向線を引き，掘削点との水平距離を測る。

第3回　地質地史

問題	設問	解答番号	正解	問題	設問	解答番号	正解
1	問1	1	②	3	問1	1	②
	問2	2	①			2	①
	問3	3	③			3	③
	問4	4	②		問2	4	②
	問5	5	③		問3	5	④
2	問1	1	②		問4	6	③
	問2	2	④		問5	7	①
	問3	3	①		問6	8	②
	問4	4	②				
	問5	5	①				

【アドバイス】

問題1　問1　地層の新旧の決定方法の基本問題である。その手法は重要ポイントチェックにまとめてあり，特に級化層理と斜交葉理は頻出問題である。
　問2　地質時代は示準化石によって決定するという基本問題である。
　問3　堆積環境の決定は示相化石を用いる。重要ポイントチェックに示した3種類の示相化石を少なくとも記憶しておこう。
　問4　断層の区別は基本事項である。必ず上盤を確認して，断層の種類を決定するようにしよう。
　問5　鍵層という言葉の意味も大切であるが，その条件も記憶しておこう。

問題2　問1　先カンブリア時代と古生代以降に出現した動物の大きな違いは，硬い殻の存在である。
　問2　植物の進化に関する基本問題である。
　問3　地球上で氷河が拡大した時期は，先カンブリア時代に数回，古生代石炭紀，新生代第四紀である。

問4　古生代の示準化石を選択すればよい。重要ポイントチェックに示した示準化石を再確認しておこう。

問5　哺乳類の出現とその繁栄の時期は一致していない。

問題3　問1　地質図の問題では走向傾斜を求める作業が出題される。必ずマスターしておいてほしい。

問2　A層が水平な地層であることがわかれば，問題は解ける。

問3　走向線を西側でも引き，その傾斜方向から考える。問題文にもヒントがあるが，それを見つけることができたであろうか。

問4　典型的な示準化石から堆積年代を考えるとよい。重要ポイントチェックに示した示準化石は必ず記憶しておこう。

問5　斜交葉理に関しては写真から判断する問題が頻出されている。

問6　級化成層を示す典型的な地層は混濁流堆積物である。

問題1　地質調査

【解　説】

問1　問題の図1では地層累重の法則によって凝灰岩，砂岩，泥岩の順に堆積したと判断できるが，それを他の手段で確認しようという問題である。級化層理は **問題3** の問6の図のように，1枚の単層中で粒子の大きさが連続的に変化している堆積構造である。水中で粒子が堆積するとき，粒径の大きいものが最初に堆積し，粒径の小さいものはその上に堆積するので，地層の新旧決定に用いることができる。斜交葉理は **問題3** の問5の写真である。切った―切られた関係を用いる。切っている葉理のほうが切られている葉理よりも新しいので，地層の新旧関係の決定に斜交葉理を用いることができる。

問2　地質時代の決定に用いる化石が示準化石である。アンモナイトは中生代の示準化石であり，その種類によって中生代を細かく区分するのに役立つ。

②の ^{14}C の半減期は約5700年であるので，急速に崩壊して古い時代の地層中にはほとんど残っていない。数万年ほど前までの絶対年代(放射年代)の決定に用いる。放射年代の測定方法については，重要ポイントチェックに示した程度でよいから，

その種類とともに適用範囲を知っていてほしい。

問3　地層の堆積環境は示相化石によって知ることができる。陸の環境下で堆積した地層であることがわかればよいので，生えていた状態のまま化石化した樹木の幹があれば，堆積環境が陸であることがわかる。

問4　断層をはさんで西側が上盤，東側が下盤である。上盤側が下がっているので正断層である。なお，上盤側が上がっている場合が逆断層である。

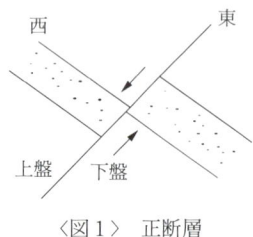

〈図1〉　正断層

問5　地層の対比に役立つ地層を鍵層と呼び，凝灰岩や火山灰が多用される。

問題2　地球の歴史

【解　説】

問1　①，②　エディアカラ動物群は先カンブリア時代末の動物群である。先カンブリア時代の動物は体に硬い部分が存在しないため，化石になりにくかった。古生代カンブリア紀に入ると，硬い殻をもった生物が大量に出現した。この時代を代表する動物群がバージェス動物群である。
　　④　陸上に適応した脊椎動物は両生類であり，古生代デボン紀に出現した。

問2　シダ植物はシルル紀に出現し，裸子植物，被子植物へと進化した。出現した時代に関しては，シダ植物を記憶しておけばよい。

問3　高緯度地域と関連するのは氷河のみである。チャートは深海底で生成されやすく，枕状溶岩は海底火山活動による溶岩であるから，陸上を示す事項ではない。クレーターは隕石衝突によるものであり，場所が限定されて分布するものではない。

問4　古生代の示準化石は②の三葉虫である。①のトリゴニアは中生代，③のマンモス象は新生代第四紀，④のビカリアは新生代第三紀の示準化石である。

問5 哺乳類は中生代トリアス紀(三畳紀)に出現した。恐竜が絶滅し，その後，新生代に入って哺乳類は繁栄するようになった。

問題3 地質図

【解　説】

問1　下の図2のように2本の走向線を引く。走向線は南北に延びているので走向は南一北，走向線の高度は東が低いので傾斜方向は東，高度差が50mの走向線の間隔(水平距離)は50mであるから，傾斜の角度は45°である。

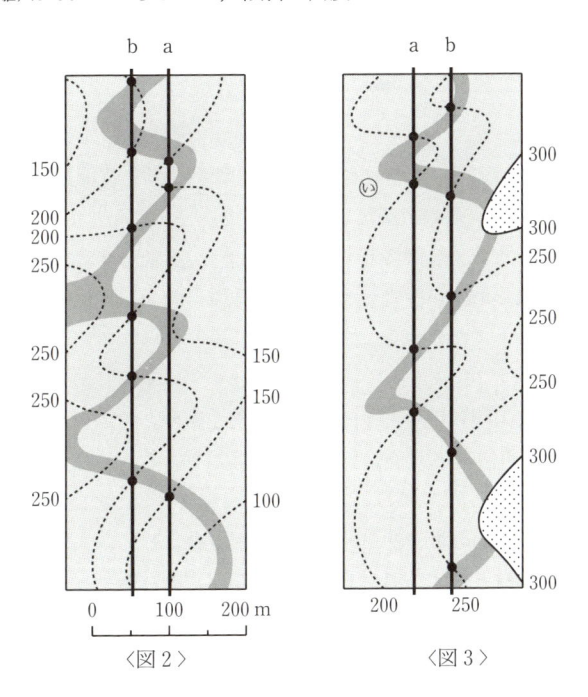

〈図2〉　〈図3〉

問2　A層は400mの等高線に沿って分布しているので水平な地層である。三角山の標高は600mであるから，

　　　$600 - 400 = 200$ [m]

掘ればよい。

問3 問題文には「石油と天然ガスを産出した」と書いてあるので，背斜構造であると判断できるが，東側に分布する C 層の走向傾斜を**問1**と同じ手法で描いてみると，図3のようになる。C 層は西に傾斜していることがわかる。つまり，東側で東傾斜，西側で西傾斜であるから背斜構造である。

B 層によって C 層は切られているので，両者の関係は傾斜不整合である。

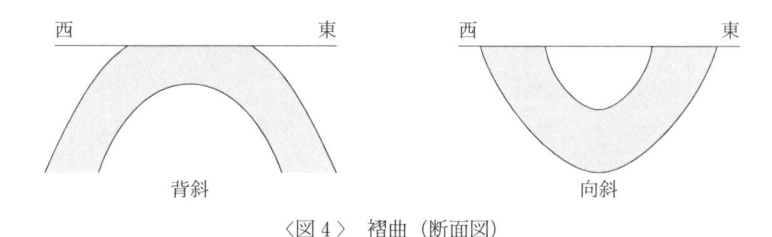

〈図4〉 褶曲（断面図）

問4 D 層はヌンムリテス（カヘイ石）の化石を産するので古第三紀，B 層はデスモスチルスの臼歯を産するので新第三紀の地層である。C 層は D 層よりも新しく，B 層よりも古い。また，C 層よりも新しい B 層は褶曲していないので，C 層・D 層が褶曲したのは，地層が生成した古第三紀以降，新第三紀以前である。つまり第三紀に褶曲したことになる。

問5 地層中に粒子の配列模様によってできる筋を葉理と呼ぶ。粒子が堆積するときに水流の流れに変化がある場合，斜交した葉理ができる。

問6 大陸棚や大陸斜面の堆積物が地震などを引き金にして，大陸斜面に沿って流れ下る。これを混濁流と呼ぶ。混濁流によって深海に運び込まれた堆積物は粒径の大きいものから順に堆積し，級化成層を形づくる。

第4回

大気海洋

第4回　大気海洋

重要ポイントチェック!!

1　大気圏の構造と特徴

(1) **太陽定数**

　　太陽から1天文単位離れた大気圏外で，太陽光線に垂直な平面が受け取るエネルギー量。約 1370 W/m²

(2) **太陽放射と地球放射**

　太陽放射…可視光線が最強波長
　地球放射…赤外線が最強波長

(3) **大気圏の構造**　気温変化で区分。

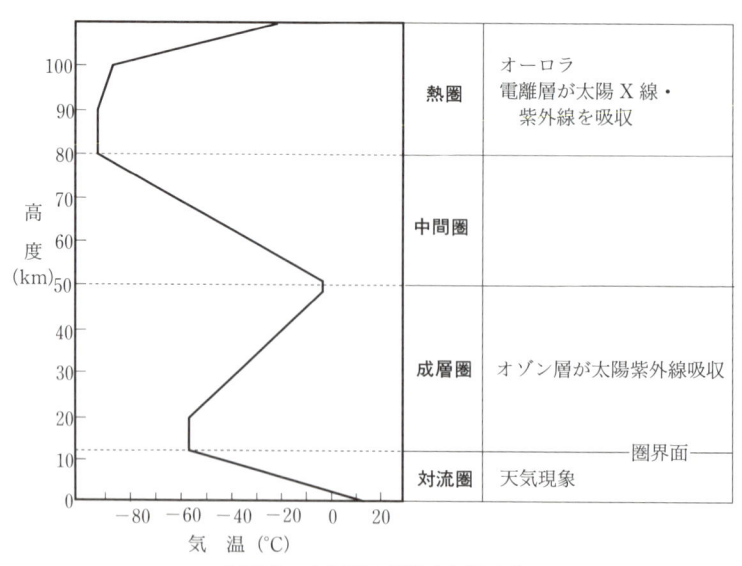

熱圏：オーロラ　電離層が太陽X線・紫外線を吸収

中間圏

成層圏：オゾン層が太陽紫外線吸収
　　　　　　　　　　　　圏界面

対流圏：天気現象

〈図1〉　大気圏の構造と気温変化

(4) **熱輸送**

地表から大気へは赤外線放射，伝導，水の蒸発によって熱が移動する。

(5) **温室効果**

CO_2 や H_2O などの温室効果気体が地表から放射された赤外線を吸収し，その大部分を再び地表に向けて放射するため，地表付近の気温が高温に保たれる現象。

化石燃料の燃焼や熱帯雨林の伐採による CO_2 濃度の増加によって温室効果が強くなるのが地球温暖化。

2 大気中の水

(1) **断熱変化**

断熱膨張 空気塊が上昇すると，周囲の気圧が低下するので，空気塊は膨張して気温が低下する。

断熱圧縮 空気塊が下降すると，周囲の気圧が上昇するので，空気塊は圧縮されて気温が上昇する。

断熱減率 断熱変化に伴って空気塊の気温が低下する割合。

乾燥断熱減率…1°C/100 m　　湿潤断熱減率…約 0.5°C/100 m

飽和した空気塊では，水蒸気の凝結に伴って凝結熱(潜熱)が放出されるため，湿潤断熱減率は乾燥断熱減率よりも小さい値となる。

(2) **大気の安定・不安定**

絶対安定…気温減率＜断熱減率　　**絶対不安定**…断熱減率＜気温減率

条件つき不安定…湿潤断熱減率＜気温減率＜乾燥断熱減率

(3) **雲**

露点(露点温度) 湿度が 100 ％になる温度。

発生条件…上昇気流の存在。

断熱膨張して気温が低下し，凝結高度に達して露点温度になると雲が発生。

(4) **フェーン現象**

空気塊が山脈を越えると，風下側で高温・乾燥した風が吹く現象。

風上側で雲が発生して雨が降り，凝結熱が放出されることが原因。

3 風

(1) 風に作用する力

気圧傾度力　等圧線に直角に低圧部に向かって作用する。
　　　　　　　等圧線の間隔が狭いほど大きい。

転向力(コリオリの力)　地球自転による見かけの力。
　　　　　　　風の吹いていく方向に対して直角に，北半球では右向き，南半球では左向き。
　　　　　　　風速×sin 緯度

摩擦力　風の吹いていく向きと反対方向に作用する。風を弱める。
　　　　　地表付近＞上空，陸上＞海上

遠心力　等圧線が曲がっているとき，中心から見て外向きに作用する。

(2) 作図

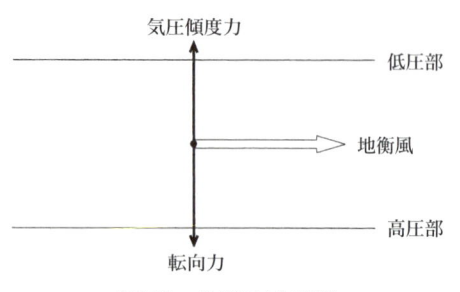

〈図2〉　地衡風(北半球)

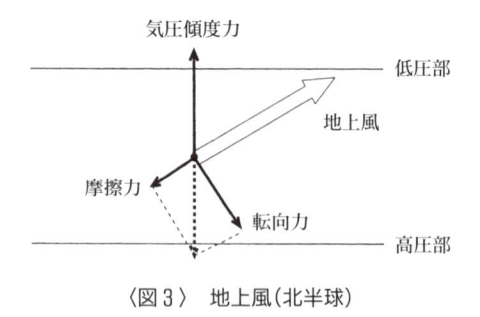

〈図3〉　地上風(北半球)

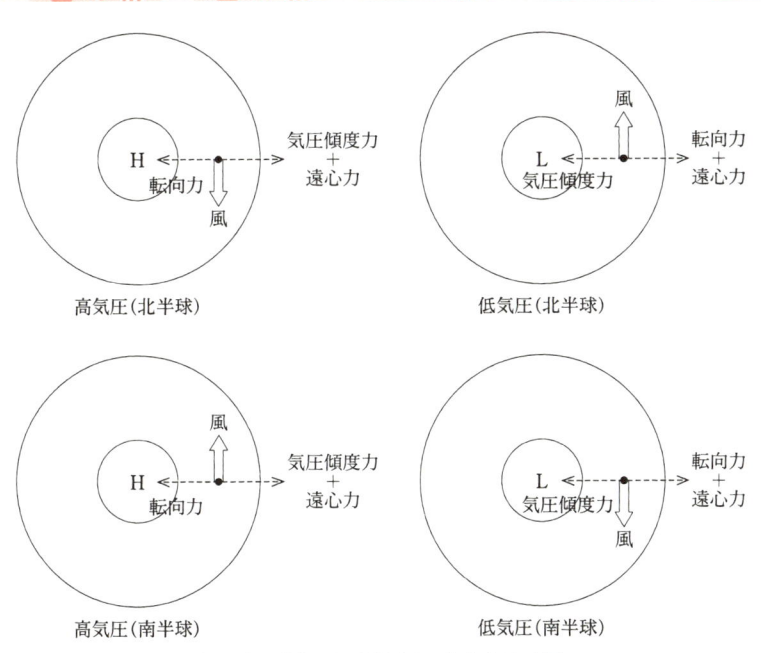

〈図4〉 高気圧・低気圧の上空を吹く風

(3) 大気大循環

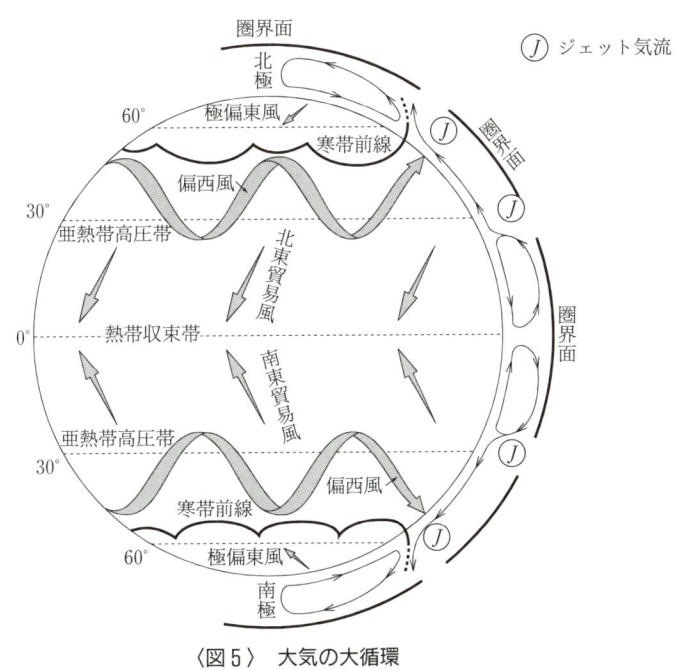

〈図5〉 大気の大循環

4 低気圧

(1) 温帯低気圧

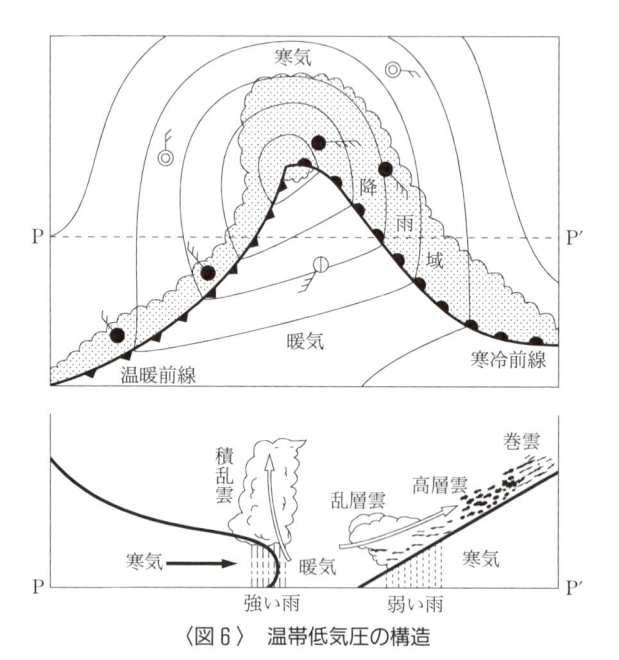

〈図6〉 温帯低気圧の構造

エネルギー源…寒気と暖気が入れかわる際に生じるエネルギー。

(2) 熱帯低気圧(台風)

エネルギー源…高温の海域から蒸発した水蒸気が凝結するときに放出する凝結熱(潜熱)。

進路…北太平洋高気圧の縁に沿って北上し,偏西風に流されて移動する。

目…温帯低気圧と異なり,中心には目があって下降気流によって晴れる。

前線…伴わない。

5 日本の天気

(1) 冬　**西高東低型**の気圧配置。西に**シベリア高気圧**,東にアリューシャン低気圧。対馬海流から蒸発した水蒸気が季節風とともに移動し,日本海側に降雪をもたらす。太平洋側は晴天が続く。

(2) **春**　移動性高気圧と温帯低気圧が交互に通過。
　　　春一番　立春を過ぎて最初に吹く南よりの強い風。フェーン現象が生じやすい。
　　　放射冷却　移動性高気圧に覆われた夜間に，放射冷却によって気温が低下する。
(3) **梅雨**　**北太平洋高気圧**(小笠原高気圧)と**オホーツク海高気圧**の間に停滞前線(梅雨前線)。
(4) **夏**　北太平洋高気圧に覆われる。雷雨。
(5) **秋**　台風の襲来。秋雨。移動性高気圧と温帯低気圧が交互に通過。

6　海洋

(1) **塩分と塩類**

　塩分…海水1 kg中に平均35 g。
　　　　蒸発量の多い亜熱帯高圧帯で塩分が高い。
　塩類…$NaCl$，$MgCl_2$など。

(2) **構造**　海水温によって区分。
　表層水　対流によって水温がほぼ一定。
　主水温躍層(温度躍層)　深くなるとともに急激に水温低下。
　深層水　高緯度海域で沈み込んだ高塩分の海水を起源とする。

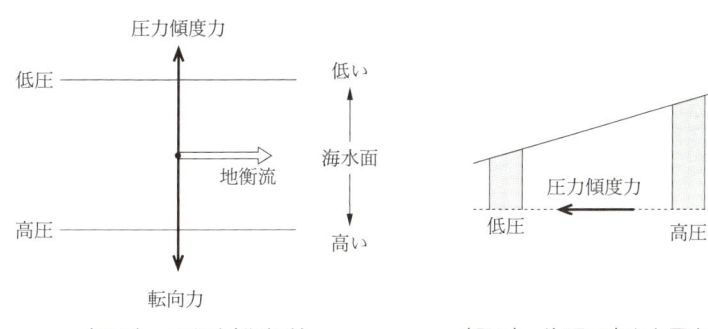

〈図7〉　地衡流(北半球)　　〈図8〉　海面の高さと圧力傾度力

(3) 海流

風成海流（吹送流） 風が成因となる海流。

地衡流 水圧差による圧力傾度力と転向力がつり合って流れる海流。

亜熱帯環流 北半球では時計まわり，南半球では反時計まわりの循環。
　　　　　北太平洋では，北赤道海流 → 黒潮 → 北太平洋海流 → カリフォルニア海流 → 北赤道海流の循環

西岸強化 黒潮や湾流のように海洋の西部を流れる海流の流速は大きい。

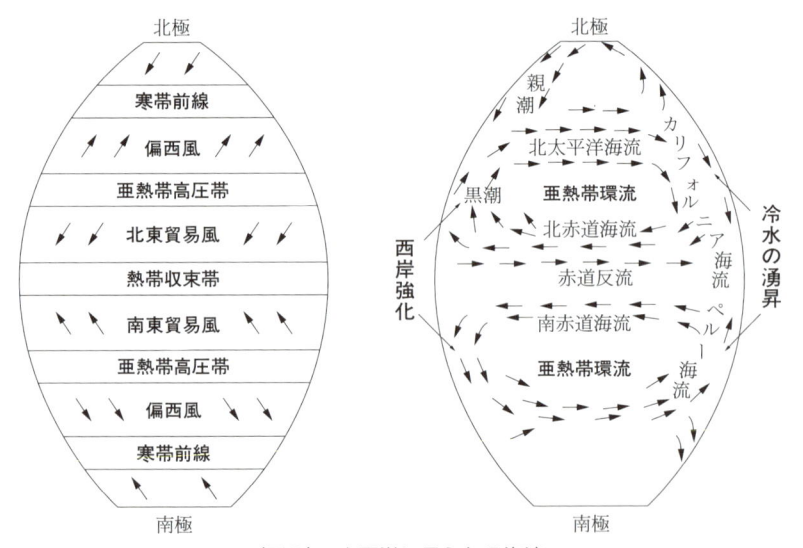

〈図9〉 太平洋に見られる海流

7　大気と海洋の相互作用

(1) **エルニーニョ現象**　貿易風が弱まると，海洋東部で深層からの冷水の湧き上がりが弱くなり，太平洋西部の暖水域が赤道域中部～東部に広がる。世界的な異常気象をもたらすことがある。日本では冷夏や暖冬になりやすい。

第4回　大気海洋

問題	設問	解答番号	正解	問題	設問	解答番号	正解
1	問1	1	③	3	問1	1	②
	問2	2	①		問2	2	①
	問3	3	③		問3	3	③
2	問1	1	②	4	問1	1	④
	問2	2	③		問2	2	④
	問3	3	①		問3	3	①
	問4	4	③		問4	4	①

【アドバイス】

問題1　問1　基礎的な問題である。これはできてほしい。さらに，重要ポイントチェックに示した各圏の特徴についても覚えておこう。

問2　上空ほど気温が上昇している部分は，太陽放射を吸収する層が存在するところである。成層圏の気温上昇の原因については頻出される。

問3　温室効果に関する漠然とした知識ではなく，地球温暖化も含めて，科学的に説明できるようにしよう。

問題2　問1・2　基礎的な用語である。

問3　氷晶説の核になる部分の説明である。

問4　雲粒も雨滴も球形であると考えて，体積が等しくなるように計算する。

問題3　問1　日常的にも耳にしている梅雨時の高気圧の名称である。日本の天気に関しては，日頃からテレビの気象情報をじっくり見てほしい。その内容を地学で学習した内容と関連づけるようにするとよい。

問2　下層の空気塊が上昇するかどうかを考えてみよう。

問3　空気塊に作用する力の性質と作図はこの分野の頻出問題である。重要ポイントチェックに示した図を描けるようにしよう。

問題4　問1・3　基礎的な事項である。

問2　蒸発という現象による潜熱の移動を考えてみよう。

問4　地衡風と同じ考え方をすればよい。

問題1　大気圏の構造

【解　説】

問1　**ア**が熱圏，**イ**が中間圏，**ウ**が成層圏，**エ**が対流圏である。

問2　成層圏中に存在するオゾン層が太陽からの紫外線を吸収しているために，成層圏では上空ほど気温が高くなっている。熱圏では電離層が太陽からの紫外線・X線を吸収しているために，上空ほど気温が高くなっている。太陽放射の吸収に関しては，次の表のようにまとめることができる。

〈表1〉　太陽放射の吸収

波長	名称	特徴
短い	X線	電離層が吸収。
↑	紫外線	オゾン層が吸収。
	可視光線	最強波長…地表にまで届く。
↓	赤外線	水蒸気と二酸化炭素が一部を吸収。一部は地表に届く。
長い	電波	電離層が大部分を吸収。一部は地表に届く。

問3　温室効果は地表から放射された赤外線を大気中の温室効果気体が吸収して再放射することによって起こる。可視光線を放射するのではないことに注意しよう。

問題2　大気中の水

【解　説】

問1　周囲と熱のやり取りなしに空気塊が膨張することを断熱膨張と呼ぶ。その際，内部エネルギーを使って膨張するので，空気塊の気温は低下する。

問2　乾燥した空気塊の気温が低下して，飽和したときの温度を露点(露点温度)と呼ぶ。

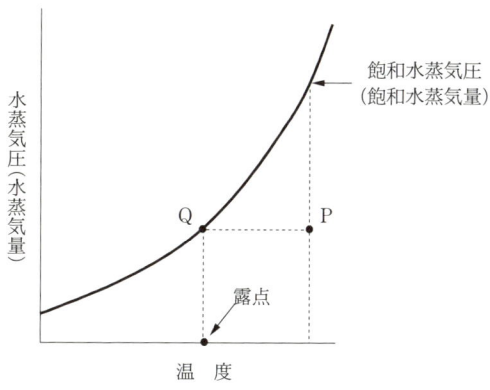

〈図1〉 温度と飽和水蒸気圧の関係

問3 水滴に対して水蒸気は不飽和の状態であるので，蒸発が起こる。一方，水蒸気は氷晶に対しては過飽和の状態なので，昇華して氷晶に付着する。

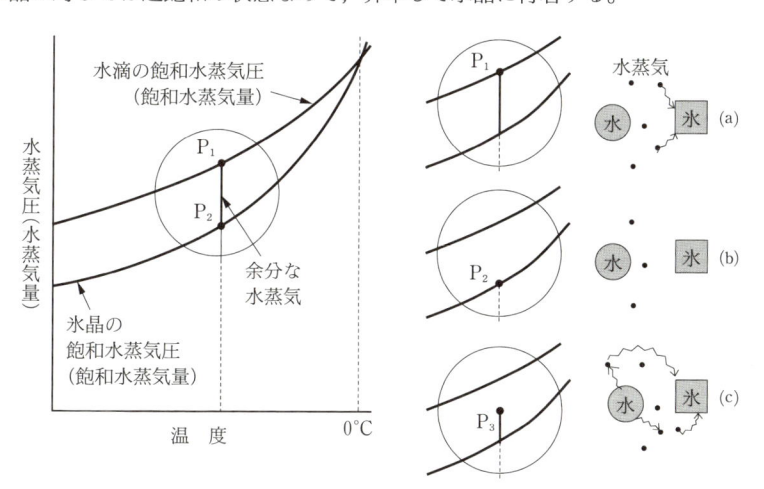

〈図2〉 水滴と氷晶の飽和水蒸気圧(水蒸気量)の関係

問4 雨滴も雲粒も球形であると考えてよいので，その半径を R とすると，体積は

$$\frac{4\pi R^3}{3}$$

である。雲粒の個数を N 個とすると，

$$\frac{4\pi \times 0.01^3}{3} \times N = \frac{4\pi \times 1^3}{3} \times 1 \qquad \therefore N = 10^6$$

となる。10^6 は100万である。

問題3 大気の運動

【解　説】

問1　日本列島の気候に影響を与える高気圧は，春と秋の移動性高気圧，梅雨のオホーツク海高気圧と小笠原高気圧(北太平洋高気圧)，夏の小笠原高気圧(北太平洋高気圧)，冬のシベリア高気圧である。

問2　下層にある空気塊が上昇すれば，断熱膨張によって温度が低下し，露点に達して雲が発生する。問題では空気塊の温度に注目する。下層の空気塊の温度が高ければ，上層の低温の空気塊よりも密度が小さいので上昇する。①は下層ほど低温の状態になるので，積乱雲は発生しない。他の②〜④はすべて下層ほど空気塊の温度が高い状態である。

問3　地衡風であるから，気圧傾度力と転向力(コリオリの力)とがつり合っている。そのようすを作図すると，図3のようになる。
　風に対して直角右側に作用している力が転向力，それとつり合っているのが気圧傾度力である。したがって，気圧傾度力は西向きである。さらに，問題の図では地点Aのほうが風速が大きい。そのため，地点Aのほうが気圧傾度力も大きいことがわかる。

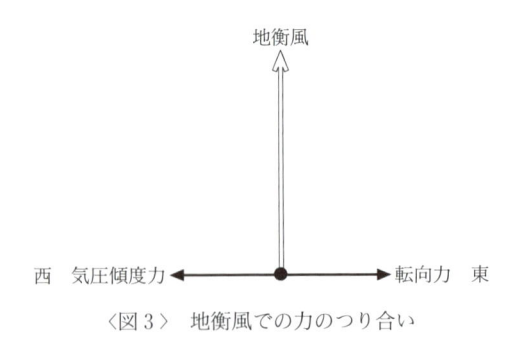

〈図3〉　地衡風での力のつり合い

問題 4　海水

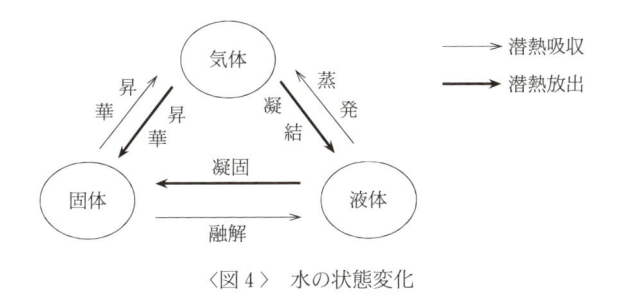

〈図4〉　水の状態変化

問1　海洋は水温によって鉛直方向に区分されている。表層のほぼ水温が一定の層が表層水（混合層），さらに深くなると，急激に水温が低下する水温躍層（温度躍層）が存在し，さらに深層には低温の深層水が存在する。

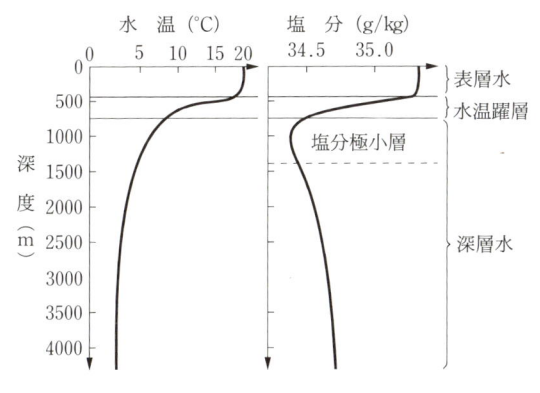

〈図5〉　海洋の深度と水温，塩分

問2　海洋の水は周囲の熱を吸収して水蒸気となるから，海水温は低下する。また，水とともに塩類は蒸発しないので，塩分は高くなる。

問3　海水中の塩類の組成については，最も量的に多い塩化ナトリウム（NaCl）を記憶しておこう。

問4　重要ポイントチェックの図7のような作図をすると，海水面が高い（水圧が高い）方を右に見る方向に地衡流が流れることがわかる。

第5回

天　文

第5回 天文

重要ポイントチェック!!

1 太陽系の天体

(1) 惑星の自転と公転

　公転方向……地球の北極を見下ろす方向から見ると,すべて反時計まわり。
　公転軌道面…ほぼ同一の平面上を公転している。
　自転方向……多くは公転方向と同じである。
　　　　　　　金星は逆方向,天王星は横倒し。

(2) 地球型惑星と木星型惑星

〈表1〉 地球型惑星と木星型惑星の特徴

	地球型惑星	木星型惑星
惑星名	水星,金星,地球,火星	木星,土星,天王星,海王星
質量	小さい	大きい
半径	小さい	大きい
密度	大きい	小さい
自転周期	1日以上	1日未満
偏平率	小さい	大きい
組成	Fe, O, Si	H, He
大気 量	少ない	多い
大気 組成	水星　なし 金星・火星　CO_2 地球　N_2, O_2	H_2, He
衛星	0〜2	多数
環(リング)	なし	あり

(3) おもな惑星の特徴

水星　最小の惑星。一面のクレーターに覆われる。大気と衛星はない。

金星　濃い二酸化炭素の大気によって温室効果が強くはたらき，表面温度は500℃に達する。

地球　平均密度最大。液体の海洋が存在する。

火星　両極に氷とドライアイスからなる極冠が存在する。峡谷，火山(活動していない)が存在し，かつては海が存在していた。

木星　最大の惑星。大赤斑が存在する。

土星　平均密度最小，偏平率最大の惑星。リングが特徴的である。

(4) 小天体

小惑星　火星と木星の軌道の間を公転するものが多い。

太陽系外縁天体　海王星軌道以遠に広がる天体の群れ。

月　明るい高地と暗い海。
　　自転周期と公転周期が同じであるため，地球に同じ面を向けている。

(5) ケプラーの法則

第一法則(楕円軌道の法則)

惑星は太陽を一つの焦点とする楕円軌道上を公転する。

$$平均距離\ a = \frac{a_n + a_f}{2}$$

$$= 長半径$$

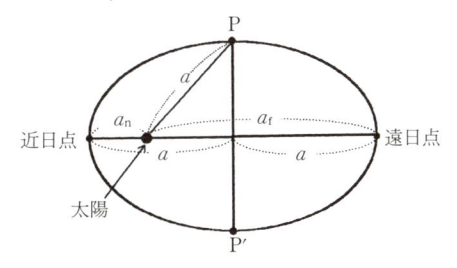

〈図1〉　ケプラーの第一法則

第二法則(面積速度一定の法則)

惑星と太陽を結ぶ線分が一定時間に描く面積は，惑星ごとに一定である。

惑星の公転速度の最大値は近日点，最小値は遠日点。

第三法則(調和の法則)

太陽の周囲を公転する天体の平均距離を a 天文単位，公転周期を p 年とするとき，

$$\frac{a^3}{p^2} = 1$$

(6) **地球から観測した惑星の位置と運動**

惑星現象（図2）

視運動

　　順行…西から東へ　　**逆行**…東から西へ

　　留…順行 ⇄ 逆行の変わり目

会合周期

$$\frac{1}{会合周期} = \frac{1}{短周期} - \frac{1}{長周期}$$

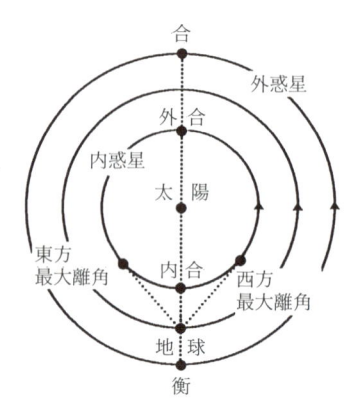

〈図2〉 惑星現象

2 太陽

(1) **エネルギー源**　水素がヘリウムに変わる核融合反応
(2) **黒点**　周囲よりも低温

移動のようすから，太陽の自転周期がわかる。

黒点数から太陽の活動周期(11年)がわかる。

(3) **光球**　太陽面の光っている部分。平均温度約6000K。
(4) **コロナ**　太陽最外層の大気で非常に高温。**太陽風**(荷電粒子の流れ)の源。
(5) **絶対等級**　＋5等
(6) **スペクトル型**　G型の主系列星

3 恒星までの距離と等級

(1) **距離の単位**　1天文単位…地球公転軌道の平均距離

　　　　　　　　1パーセク…年周視差1秒の距離

　　　　　　　　1光年………光が1年間に進む距離

　換算関係　1パーセク≒3.3光年

(2) **公式**　年周視差をp秒，近距離の恒星までの距離をrパーセクとすると，

$$r = \frac{1}{p}$$

(3) **距離と明るさ**　見かけの明るさは距離の2乗に反比例する。
(4) **等級と明るさ**　等級が大きいほど暗い。

　　　　　　　　　5等級小さくなるごとに明るさは100倍になる。

4 HR図

(1) **絶対等級** 10パーセクの距離から見た等級で,恒星の光度(真の明るさ)を表す。
(2) **スペクトル型** 吸収線の現れ方で分類
(3) **恒星の半径** 白色矮星＜主系列星＜巨星

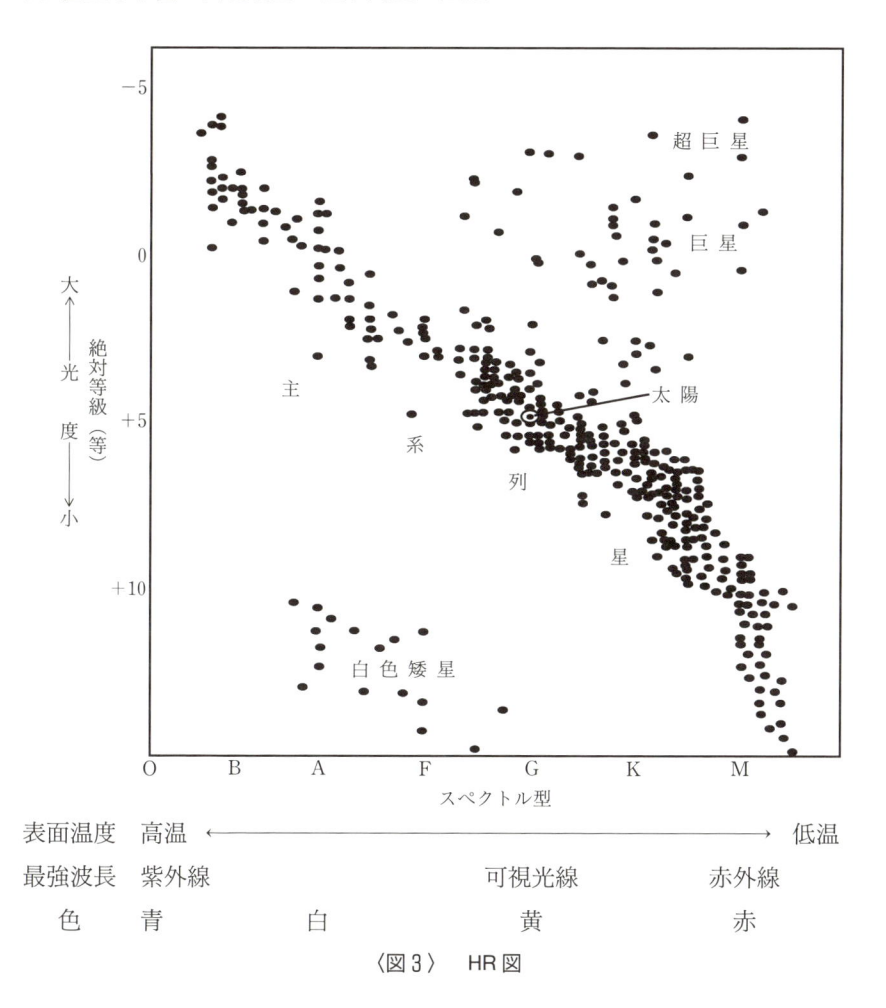

〈図3〉 HR図

5　恒星の進化

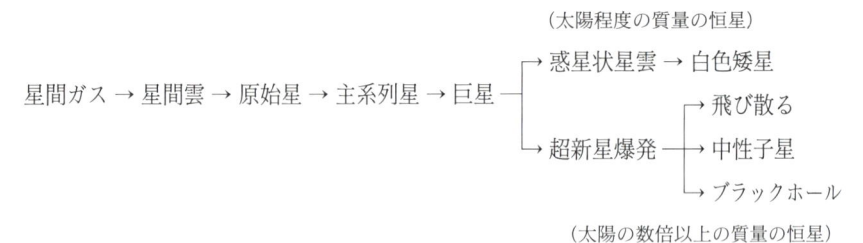

星間ガス → 星間雲 → 原始星 → 主系列星 → 巨星 ┬→ 惑星状星雲 → 白色矮星　（太陽程度の質量の恒星）
　　　　　　　　　　　　　　　　　　　　　　└→ 超新星爆発 ┬→ 飛び散る
　　　　　　　　　　　　　　　　　　　　　　　　　　　　　├→ 中性子星
　　　　　　　　　　　　　　　　　　　　　　　　　　　　　└→ ブラックホール
　　　　　　　　　　　　　　　　　　　　　　　　　　　（太陽の数倍以上の質量の恒星）

6　星団と種族

(1) 星団の特徴

〈表2〉　星団の特徴

	散開星団	球状星団
種　族	種族Ⅰ	種族Ⅱ
形　状	散開している	球状に密集
恒星数	10〜1000	10^4〜10^6
分　布	銀河円盤部	ハロー
重元素量	多い	少ない
星間物質	多い	少ない
年　齢	若い	老齢

(2) 恒星の種族

　　種族Ⅰ(第Ⅰ種族)…若い恒星で重元素量が多い。
　　　　　　　　　　　(例) 散開星団，太陽
　　種族Ⅱ(第Ⅱ種族)…老齢な恒星で重元素量が少ない。
　　　　　　　　　　　(例) 球状星団

7 銀河系

(1) **銀河系の構造**　中心部にバルジ，それを取り巻く円盤部は渦巻構造，さらにそれらを包む球状のハロー。

(2) **太陽の位置**　銀河系の中心から約2.8万光年離れた円盤部。

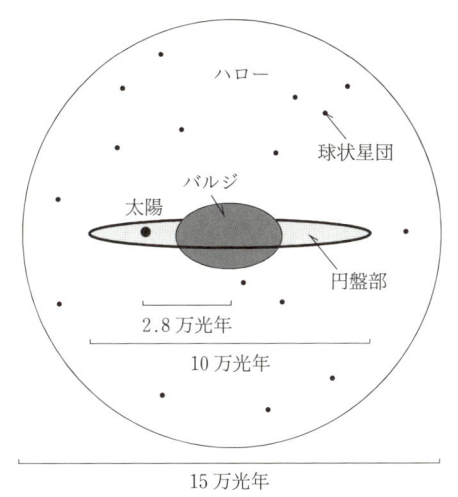

〈図4〉　銀河系の構造

8 銀河と宇宙

(1) **銀河の形態**　楕円銀河，渦巻銀河，棒渦巻銀河，不規則銀河
(2) **ハッブルの法則**

　遠方の銀河のスペクトルは赤方に偏移している。

　遠方の銀河までの距離を r，後退速度を v，ハッブル定数を H とすると，
$$v = Hr$$

(3) **宇宙の年齢**

$$\frac{1}{H} \fallingdotseq 137 \text{億年}$$

(4) **宇宙の元素組成**　宇宙誕生時には水素とヘリウムがつくられた。それよりも重い元素のうち，鉄までは恒星内部の核融合反応で，鉄よりも重い元素は超新星爆発によって合成された。

ས
第5回 天　文

問題	設問	解答番号	正解	問題	設問	解答番号	正解
1	問1	1	⑤	3	問1	1	①
	問2	2	③		問2	2	③
	問3	3	②		問3	3	①
2	問1	1	③	4	問1	1	④
	問2	2	②		問2	2	①
	問3	3	①		問3	3	③
	問4	4	④		問4	4	③
	問5	5	②				

【アドバイス】

問題1　問1・2　太陽系の惑星に関する基礎的な問題である。これはできてほしい。重要ポイントチェックの表に示したような特徴についても覚えておこう。

　問3　ケプラーの第三法則を用いる計算問題である。指数計算に慣れておこう。

問題2　問1　HR図中の恒星の分類名は基礎事項である。

　問2　主系列星のエネルギー源に関しては基本事項である。その他の選択肢は恒星の進化のどの段階のことであるかについても，確認しておこう。

　問3　一つの星団内の恒星はほぼ同時に誕生する。質量の大きい恒星ほど主系列星として輝く時間が短い。

　問4　主系列星では左上にある恒星ほど寿命が短い。寿命の短い主系列星が存在する星団ほど若い。距離に関しては，同じスペクトル型の主系列星の見かけの等級を比較する。

　問5　重要ポイントチェックの表で星団の違いを確認してほしい。

問題3　問1・2　銀河系の構造の各領域の名称は基礎知識である。重要ポイントチェックの図で確認しておこう。

　問3　天文分野ではどのような観測からわかった事項かも記憶しておこう。

問題 4 問 1 基本的な法則名である。
問 2 ドップラー効果についての問題である。
問 3 ハッブルの法則に関する計算問題である。この法則の意味がわかっていれば，計算は簡単である。
問 4 基本的な数値の一つである。

問題 1 太陽系

【解 説】
問 1・2 地球型惑星と木星型惑星の特徴の頻出項目は自転周期である。木星型惑星は地球型惑星よりも半径も質量も大きいが，自転周期は地球型惑星よりも短い。

問 3 惑星の公転周期を p 年，平均距離を a 天文単位とすると，ケプラーの第三法則から，
$$\frac{a^3}{p^2} = 1$$
が成立する。$a = 100$ 天文単位であるから，
$$p^2 = 100^3 = 10^6 \qquad \therefore \quad p = 10^3 = 1000$$

問題 2 恒星の性質と HR 図

【解 説】
問 1 HR 図中で右上のグループに属す恒星を巨星(赤色巨星)，左下のグループに属す恒星を白色矮星，左上から右下にかけて帯状に分布する恒星を主系列星と呼ぶ。

問 2 星間雲から誕生したばかりの原始星は重力によって収縮し，そのエネルギーによって輝いているが，中心部の温度が上昇して水素の核融合が始まると，主系列星となる。主系列星では，水素の核融合によって中心部にヘリウムが溜まり，その周囲で水素の核融合が進行する。やがて水素の核融合が激しくなると，主系列星は膨張して巨星となる。巨星となった後，中心部のヘリウムが核融合を開始する。

太陽程度の質量の恒星では，やがて核融合を停止し，中心部は収縮して白色矮星となる。太陽の数倍以上の質量の恒星では，核融合がさらに進み，鉄が合成されると，鉄が分解して超新星爆発を起こす。このときに鉄よりも重い元素が合成される。

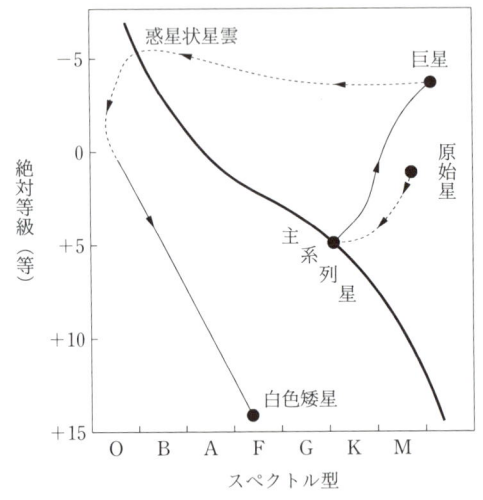

〈図1〉　太陽程度の質量の主系列星の進化

問3　問題の散開星団 **X**，**Y** は，誕生してから少し時間が経過したものである。誕生したばかりの星団はすべて主系列星からなる。時間が経過すると，質量の大きい恒星から順に進化して巨星となる。星団 **X** では恒星**ア**が巨星となっており，恒星**イ〜ウ**は主系列星である。したがって最も質量が大きい恒星は**ア**である。

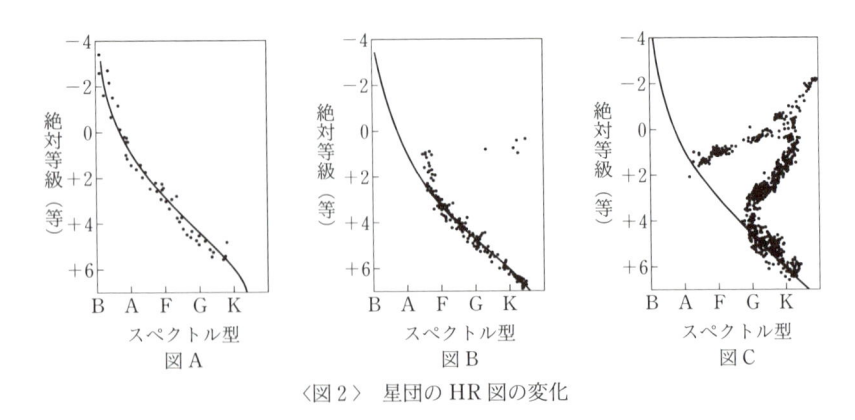

〈図2〉　星団の HR 図の変化

問4　星団 X には B 型の主系列星が存在しないのに対して，星団 Y には B 型の主系列星が存在する。寿命の短い B 型の主系列星が輝いているということは，その星団が誕生して間もないことを表している。したがって，星団 X のほうが，星団 Y よりも古い。

　　同じスペクトル型の主系列星は絶対等級が同じである。しかし，距離が異なれば，同じスペクトル型の主系列星であっても見かけの等級は異なる。遠方にある恒星ほど暗く見えるので，見かけの等級が大きい。例えば，問題文に示してある G 型の主系列星の見かけの等級は，星団 X では約 8 等級，星団 Y では約 14 等級である。したがって，星団 X のほうが近い距離にある。

問5　②は球状星団の性質である。重要ポイントチェックの表で星団の特徴を確認しよう。

問題3　銀河系

【解　説】

問1　銀河系中心のふくらみをバルジ，それを取り巻く渦巻状部分を円盤部，さらにバルジと円盤部を取り巻く領域がハローである。銀河系の基本的な名称であるから，しっかりと記憶しておいてほしい。

問2　太陽系は銀河中心から約 2.8 万光年離れた円盤部に存在する。太陽系の位置も重要事項である。

問3　銀河系で最も多い成分元素は水素である。この水素の分布を調べることによって円盤部が渦巻構造をしていることがわかった。

問題4 銀河と宇宙

【解　説】

問1　銀河の後退速度を v，銀河までの距離を r，比例定数(ハッブル定数)を H とすると，ハッブルの法則は，$v = Hr$ で表される。

問2　観測者から遠ざかる天体から出た光は，波長の長い方にずれる。これを赤方偏移と呼ぶ。

問3　ハッブルの法則は「後退速度は銀河までの距離に比例する」という内容である。クェーサー3C273はおとめ座銀河団の後退速度の48倍であるから，距離も48倍である。

問4　ハッブル定数 H の逆数である $\dfrac{1}{H}$ が宇宙の年齢を表し，その値は約140億年前である。

実力判定テスト

実力判定テスト(100点満点)

問題番号(配点)	設問		解答番号	正解	配点	問題番号(配点)	設問		解答番号	正解	配点
第1問(20)	A	問1	1	①	3	第4問(20)	A	問1	1	①	4
		問2	2	③	3			問2	2	②	3
		問3	3	③	4			問3	3	③	3
	B	問4	4	④	4		B	問4	4	②	4
		問5	5	②	3			問5	5	①	3
		問6	6	③	3			問6	6	①	3
第2問(20)	A	問1	1	③	3	第5問(20)	A	問1	1	③	4
		問2	2	③	4			問2	2	②	3
		問3	3	②	3			問3	3	③	3
	B	問4	4	③	3		B	問4	4	④	3
		問5	5	②	3			問5	5	②	3
		問6	6	③	4			問6	6	④	4
第3問(20)		問1	1	①	3						
		問2	2	②	4						
		問3	3	⑥	3						
		問4	4	③	3						
		問5	5	⑤	4						
		問6	6	④	3						

第1問

【解 説】

問1 楕円を回転させるとできる立体を回転楕円体と呼ぶ。地球の大きさと形に最もよく合った回転楕円体を地球楕円体と呼ぶ。この地球楕円体が，球と比較したとき，どの程度つぶれた形になっているのかを偏平率で表す。地球楕円体の赤道半径を a，極半径を b とするとき，偏平率 e は次の式で表される。

$$e = \frac{a-b}{a}$$

問題文には a と b の値は示されていないが，$a-b$ が 20 km であることは示されている。そこで，a が平均半径 6400 km にほぼ等しいと考えて，

$$e \fallingdotseq \frac{21}{6400} \fallingdotseq \frac{1}{300}$$

となる。偏平率の定義の式と，その値は平均半径の値とともに記憶しておこう。

問2 円の中心角と弧の長さは比例する。したがって，地球半径を R〔km〕とすると，

$\theta° : d = 360° : 2\pi R$

$\therefore R = \dfrac{360° d}{2\pi \theta°} = \dfrac{180° d}{\pi \theta°}$

となる。

問3 重力は万有引力と地球自転の遠心力の合力である。万有引力は地球中心までの距離の2乗に反比例するので，極で最大，赤道で最小となる。遠心力は回転半径（地球自転軸までの距離）に比例するので，極で0，赤道で最大である。したがって，重力は極で最大，赤道で最小である。

問4 地震波の速度は，硬い物質中で大きく，軟らかい物質中で小さい。マントルは固体，外核は液体であるので，P波はマントルから外核に入射すると，その速度が急減する。S波は液体中を伝わらない横波なので，外核を伝わらない。

問5 P波もS波も震源で同時に発生するが，観測地にはP波が先に到達する。それはP波の速度がS波の速度よりも大きいからである。P波は初期微動をもたらし，S波は主要動をもたらす波であるから，その振幅はS波の方が大きい。

問6　地球全体の化学組成は多い順に Fe, O, Si である。核が Fe を主成分とするので，地球を構成する元素で Fe が最も大きな値となる。

第2問

【解　説】

問1　マグマの発生要因は，マントルや地殻の温度が構成物質の融点以上になることである。つまり，その場所の温度上昇，圧力低下，構成物質の融点低下の3条件である。島弧では，海洋プレートから水が供給されて，島弧下の上部マントルを構成するかんらん岩の融点が低下してマグマが発生する。ホットスポットや中央海嶺では，地下深くの物質が上昇して圧力が低下することによってマグマが発生している。

問2　島弧では安山岩を中心に玄武岩質～流紋岩質までの多様なマグマが火山活動を起こしているが，中央海嶺やハワイ島のようなホットスポットでは，玄武岩質の火山活動が行われている。日本列島を例にとると，フィリピン海プレート上の伊豆大島三原山や三宅島雄山が玄武岩質～安山岩質の活動をすることが多い。北海道の有珠山，昭和新山，九州の雲仙普賢岳はデイサイト質（流紋岩質）の火山活動を行うことが多い。

問3　中央海嶺では玄武岩質マグマの火山活動が活発に行われている。中央海嶺のほとんどは海底下にあるため，枕状溶岩という独特の形態を示す玄武岩が多い。その玄武岩は，有色鉱物のかんらん石や輝石，無色鉱物の Ca に富む斜長石を含み，斑状組織を示す火山岩である。

問4　砕屑岩と火山砕屑岩は，それを構成する粒子の粒径によって区分されている。粒径2 mm 以上の粒子が主体であるならば礫岩，2～1/16 mm の粒子が主体であるならば砂岩，1/16 mm 未満の粒子が主体であるならば泥岩である。火山砕屑岩に関しては，火山灰が続成作用を受けて生成した凝灰岩を知っていれば十分である。

問5　堆積物が堆積岩に変化する作用を続成作用と呼ぶ。問題文の下線部に示したように，水が抜け出して体積が減る圧密作用と，粒子どうしがくっつく膠結作用が続成作用の中身である。

問6　放散虫は SiO_2 の殻をもったプランクトンである。深海底に堆積した放散虫の遺骸は続成作用を受けてチャートになる。紡錘虫やサンゴは $CaCO_3$ の殻や骨格をもち，続成作用を受けて石灰岩となる。チャートや石灰岩のように，生物の遺骸からできている堆積岩を生物岩と呼ぶ。

　チャートは非常に硬く，ハンマーで叩くと火花が出るほどである。石灰岩は希塩酸をかけると二酸化炭素の泡を出しながら溶ける。

第3問

【解　説】

問1　次の図3−1のように走向線を引く。350 m 走向線と 300 m 走向線の水平距離は 50 m だから，傾斜の角度は 45°である。

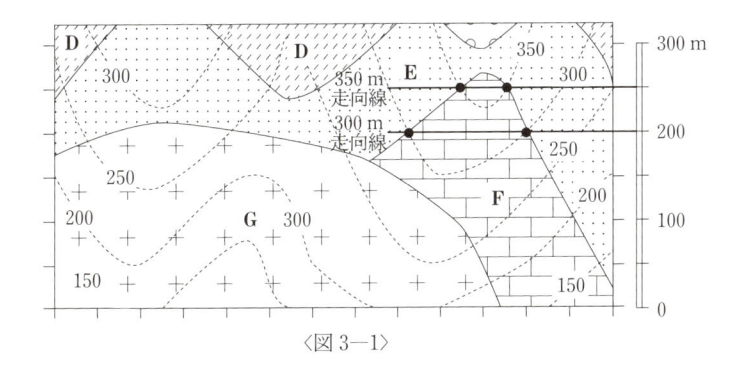

〈図 3−1〉

問2 次の図のように C 層の基底の走向線を引くと，P 地点を通る走向線は 250 m であることがわかる。したがって，P 地点の標高は 350 m であるから，
$$350 - 250 = 100 \text{ (m)}$$
となる。

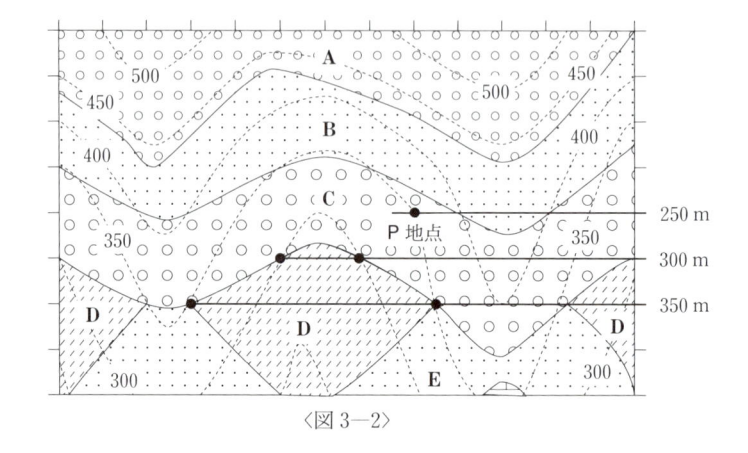

〈図3－2〉

問3 基本的な示準化石から時代を判定してほしい。ビカリア(ビカリヤ)は新生代新第三紀，アンモナイトは中生代，紡錘虫(フズリナ)は古生代石炭紀～ペルム紀(二畳紀)の示準化石である。

問4 変成岩に関しては，センター試験の第4問で出題されることがある。①片麻岩と②結晶片岩は広域変成岩，④大理石は石灰岩が接触変成作用を受けてできる結晶質石灰岩の別名，⑤の斑れい岩は火成岩(深成岩)，⑥の凝灰岩は火山灰からなる堆積岩である。

問5 A層は450 m の等高線に沿って分布しているから水平な地層である。B層は問2で求めたC層と同じく，EW，45°N の走向傾斜の地層である。地質図ではB層とC層の地層境界線はA層によって切られていないが，走向傾斜がA層とB層で異なるから，傾斜不整合である。D層とE層の地層境界線はC層に切られているので傾斜不整合である。

問6　D層〜F層は整合の関係にあり，D層→E層→F層の順に堆積した。また，問3からわかるようにこれらは古生代の地層である。G岩体の放射年代（絶対年代）は約1億年であるから，中生代末の岩体である。このG岩体に由来する礫（れき）がC層に含まれているので，C層はG岩体よりも新しい地層である。さらにB層はC層よりも新しいので，結局，G岩体よりもB層の方が新しいことがわかる。

　参考までに問題の図1の地質図を中央南北方向に切った断面図を次の図3—3に示しておく。

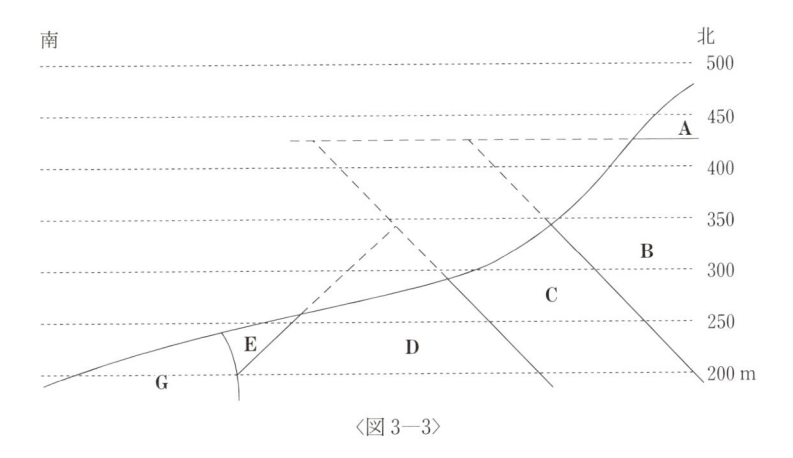

〈図3—3〉

第4問

【解　説】

問1　地球半径をR〔m〕とすると，地球全体が受け取っている太陽放射量は，太陽定数と地球の断面積の積であるから，$1370\pi R^2$〔W〕である。このうち，地表と大気が吸収するのは70％であるから，$1370\pi R^2 \times 0.7 = 959\pi R^2$〔W〕である。この値を地球表面で平均するとは，地球の表面積で割ることであるから，

$$\frac{959\pi R^2}{4\pi R^2} \fallingdotseq 240 \text{〔W/m}^2\text{〕}$$

となる。球の表面積，体積などの公式はしっかりと記憶しておこう。

問2　太陽はさまざまな波長の光を放射しているが，そのうち最も強い光が可視光線である。可視光線よりも波長の短い光のほとんどは大気に吸収されている。たとえ

ば，生物に有害な波長の紫外線は成層圏中のオゾン層が吸収している。一方，地表からの放射は，波長の長い赤外線である。このように太陽放射と地球放射の最強波長が異なるのは，太陽と地球の表面温度の違いが原因である。

問3　地表から放射された赤外線は，大気中の水蒸気（H_2O）や二酸化炭素（CO_2）に吸収され，その大部分は再び地表に向けて放射される。この赤外線のやり取りによって地表付近が高温に保たれる現象が温室効果である。「反射」が原因ではないので注意しよう。また，地球温暖化は，この温室効果が強まる現象であり，二酸化炭素以外にメタンやフロンも原因となっている。

問4　風向とは風が吹いてくる方位を意味する。つまり，南東貿易風とは南東から吹いてくる風である。転向力（コリオリの力）は，南半球では風が吹いていく方向に対して直角左向きに作用する。北半球では直角右向きに作用する。転向力の向きは間違えやすいので注意しよう。

問5　亜熱帯高圧帯に相当する北太平洋高気圧（小笠原高気圧）に日本列島が覆われると，暑い夏となる。しかし，梅雨の季節に生成したオホーツク海高気圧が夏になっても衰えず，北日本に影響を与え続けると，冷夏となる。移動性高気圧に覆われた朝方に気温が低下する現象が放射冷却である。

問6　暖かい海水は大気を暖め，上昇気流を生じさせる。一方，冷たい海水は大気を冷やし，下降気流を生じさせる。この問題では，太平洋赤道域の海洋と大気の相互作用を問題にしているが，地表の温度と大気の上昇・下降の関係については一般論として扱えるので，覚えておくとよい。

第5問

【解　説】

問1　セドナの平均距離は，
$$\frac{76+940}{2}=508〔天文単位〕≒500〔天文単位〕$$
である。セドナの公転周期を p 年とすると，ケプラーの第三法則から，

$p^2 = 500^3 = 125000000$

となる。p の平方根を求めてもよいが，選択肢をそれぞれ 2 乗すると，

① $660^2 = 435600$，② $1010^2 = 1020100$，③ $11000^2 = 121000000$，

④ $29000^2 = 841000000$

であるので，最も近い数値は ③ となる。

問2 ケレスを含め，小惑星はおもに火星と木星の公転軌道の間に存在する。主成分は地球型惑星と同じ岩石や鉄である。① は木星型惑星，③ は彗星の特徴である。小惑星は「惑星」という言葉が付いているが，最大のケレスでも月の直径よりは小さい。太陽系外縁天体の中にはケレスよりも直径の大きいものが存在する。問題に示したセドナもケレスよりも大きい天体である。

問3 地球型惑星の自転周期は 1 日以上なのに対して，木星型惑星の自転周期は 1 日未満である。地球型惑星と木星型惑星の違いに関しての頻出問題である。

問4 赤方偏移の意味を問う問題である。「波長が長い」，「赤方」の両方を憶えておいてほしい。この原因が光のドップラー効果であることも知っていてほしいが，「ドップラー効果」という名称だけではなく，後退速度と赤方偏移量は比例するという内容は特に知っていてほしい。

問5 後退速度を v，銀河までの距離を r，ハッブル定数を H とすると，ハッブルの法則は $v = Hr$ と表される。つまり，後退速度と距離は比例するので，後退速度が P 銀河団の 5 倍の Q 銀河団の距離は，P 銀河団の距離の 5 倍である。過去にセンター試験で出題されたハッブルの法則の計算問題は，この程度のやさしい問題である。

問6 重元素量が多く，若い恒星が種族 I（第 I 種族）であり，重元素量が少なく，老齢な恒星が種族 II（第 II 種族）である。種族 I の恒星の例は散開星団と太陽，種族 II の例は球状星団である。

安藤雅彦
Masahiko ANDOU

河合塾講師。東北大学理学部地学第一学科（現・地圏環境科学科）卒。主な著書：『安藤センター地学Ⅰ講義の実況中継』，『センター地学Ⅰ９割GETの攻略法』（以上，語学春秋社），『マーク式基礎問題集地学Ⅰ』（河合出版），『センター試験過去問レビュー地学Ⅰ』（河合出版）共著

聞けば「わかる!」「おぼえる!」「力になる!」

スーパー指導でスピード学習!!
実況中継CD-ROMブックス

📖 山口俊治のトークで攻略 英文法
- **Vol.1** 動詞・文型～名詞・代名詞・冠詞
- **Vol.2** 形容詞・副詞・疑問詞～出題形式別実戦問題演習

練習問題(大学入試過去問)&CD-ROM(音声収録 各600分)

📖 出口汪のトークで攻略 現代文
- **Vol.1** 論理とはなにか～記述式問題の解き方
- **Vol.2** 評論の構成～総整理・総完成

練習問題(大学入試過去問)&CD-ROM(音声収録 各500分)

📖 望月光のトークで攻略 古典文法
- **Vol.1** 用言のポイント～推量の助動詞
- **Vol.2** 格助詞・接続助詞～識別

練習問題(基本問題+入試実戦問題)
&CD-ROM(音声収録 各600分)

📖 石川晶康のトークで攻略 日本史B
- **Vol.1** 古代～近世日本史
- **Vol.2** 近現代日本史

空欄補充型サブノート &CD-ROM(音声収録 各800分)

📖 青木裕司のトークで攻略 世界史B
- **Vol.1** 古代～近代世界史
- **Vol.2** 近現代世界史

空欄補充型サブノート &CD-ROM(音声収録 各720分)

📖 浜島清利のトークで攻略 物理 I・II

練習問題(入試実戦問題)&CD-ROM(音声収録600分)

●定価／各冊 **1,575円**(税込)

実況中継CD-ROMブックス

小川裕司のトークで攻略 センター化学I塾
練習問題（センター試験過去問）&CD-ROM（音声収録300分）
●定価／**1,260**円（税込）

宇城正和のトークで攻略 センター生物I塾
練習問題（センター試験過去問）&CD-ROM（音声収録300分）
●定価／**1,260**円（税込）

安藤雅彦のトークで攻略 センター地学I塾
練習問題（センター試験過去問）&CD-ROM（音声収録300分）
●定価／**1,575**円（税込）

近刊 瀬川聡のトークで攻略 センター地理B塾
Vol.①系統地理編　Vol.②地誌編

西きょうじのトークで攻略 東大への英語塾
練習問題（東大入試過去問）&CD-ROM（音声収録550分）
●定価／**1,890**円（税込）

竹岡広信のトークで攻略 京大への英語塾
練習問題（京大入試過去問）&CD-ROM（音声収録600分）
●定価／**1,890**円（税込）

2011年10月現在

CD-ROMのご利用にはMP3データが再生できるパソコン環境が必要です。
実況中継CD-ROMブックスは順次刊行いたします。

既刊各冊の音声を聞くことできます

http://goshun.com　語学春秋　検索
〒101-0061 東京都千代田区三崎町 2-9-10　TEL. 03-3263-2894

実況中継CD-ROMブックス
高校地学

安藤雅彦の
トークで攻略
センター
地学I塾

問題編

GOGAKU SHUNJUSHA

〈とりはずしてお使いください〉

安藤雅彦のトークで攻略 センター地学Ⅰ塾 問題編

CONTENTS ...

第1回　固体地球 ……………………………… 1

第2回　岩石鉱物 ……………………………… 9

第3回　地質地史 ……………………………… 21

第4回　大気海洋 ……………………………… 35

第5回　天文 ……………………………… 45

実力判定テスト ……………………………… 55

第1回

固体地球

問題1 地球の形と重力

地球の形と重力に関する次の文章を読み，下の問い(問1～2)に答えよ。

17世紀，パリで正しく調整した振り子時計が南アメリカの赤道付近で遅れることがわかった。これは緯度の高い地域よりも緯度の低い地域で重力が ア ためであると考えられた。このことをきっかけに，地球は回転楕円体であるという考えが生まれた。さらに，極付近と赤道付近で子午線弧長(緯度差1°あたりの子午線の長さ)の測量が行われ，高緯度地域よりも低緯度地域で子午線弧長が イ ，地球楕円体の極半径よりも赤道半径が ウ ことが確認された。

問1 地球の重力 G は，地球の質量による万有引力 F と自転による遠心力 f の合力である。この関係を最も正しく図示したものを，次の①～④のうちから一つ選べ。 1

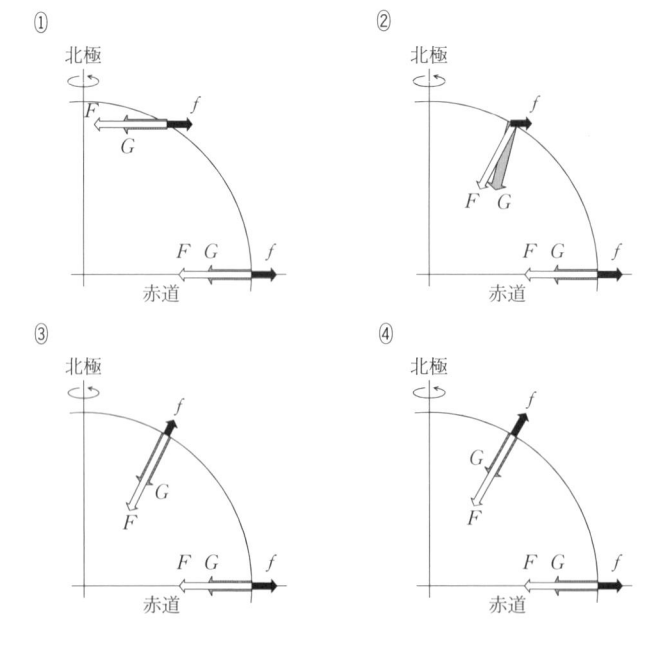

問 2　前ページの文章中の空欄　ア　～　ウ　に入れる語の組合せとして最も適当なものを，次の①～⑧のうちから一つ選べ。　2

	ア	イ	ウ
①	大きい	長く	長い
②	大きい	長く	短い
③	大きい	短く	長い
④	大きい	短く	短い
⑤	小さい	長く	長い
⑥	小さい	長く	短い
⑦	小さい	短く	長い
⑧	小さい	短く	短い

問題2　地球の内部構造と組成

地球の内部構造に関する次の文章を読み，下の問い(**問1〜3**)に答えよ。

　横軸に震央距離，縦軸に地震波が伝わる時間をとったグラフを走時曲線という。地球規模で走時曲線を描くと図1のようになる。これに，もっと詳しいデータを加えて解析すると，地球の内部が図2のような層構造をしていることが推定される。図1，図2にみられるように，震央距離103°〜143°のところにはP波が届かない。この理由は，深さ約　ア　kmのところにマントルと外核との境界があり，P波がマントルから外核に入ると速度が急激に　イ　なるためである。

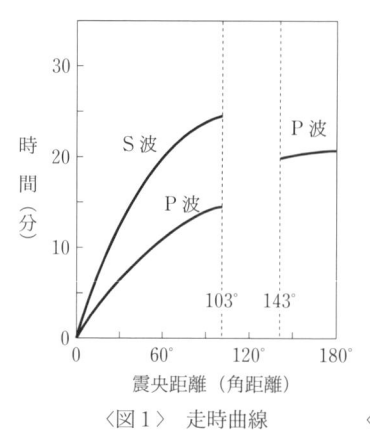

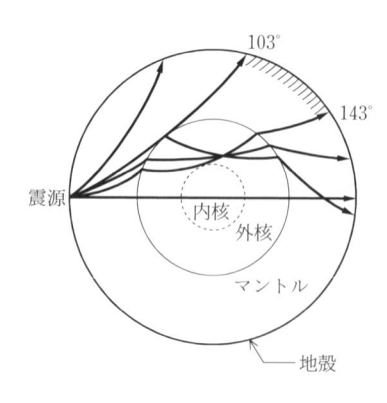

〈図1〉　走時曲線　　　〈図2〉　地球の内部構造とP波の伝わり方

問1　上の文章中の空欄　ア・イ　に入れる数値と語の組合せとして最も適当なものを，次の①〜④のうちから一つ選べ。　1

	ア	イ
①	2900	速く
②	2900	遅く
③	5100	速く
④	5100	遅く

問2　前ページの図1で，震央距離143°よりも遠くにP波は届いているのにS波が届いていない。その理由として最も適当なものを，次の①～④のうちから一つ選べ。　2

① 内核は液体でS波を通さない。
② 内核は固体でS波を通さない。
③ 外核は液体でS波を通さない。
④ 外核は固体でS波を通さない。

問3　マントルの主要な構成元素の組合せとして最も適当なものを，次の①～④のうちから一つ選べ。　3

① Mg, Fe, Si, O
② Al, Ca, Si, O
③ Ni, Fe
④ K, Al, Si, O

問題3 プレートと地震，地殻熱流量

プレートに関する次の文章を読み，下の問い(**問1〜3**)に答えよ。

　地球表面は10数枚のプレートで覆われていて，個々のプレートはそれぞれ異なった運動をする。その結果，プレート間の境界では地震・火山活動や地殻変動などが活発である。プレート境界には3種類ある。　ア　のように2枚のプレートが離れていく境界，　イ　のように2枚のプレートがすれ違う境界，　ウ　のように2枚のプレートが近づき一方が他方の下に沈み込む境界の3種類である。地震の発生はこのようなプレート運動に深く関係している。

問1　上の文章中の空欄　ア　〜　ウ　に入れる語の組合せとして最も適当なものを，次の①〜⑥のうちから一つ選べ。　1

	ア	イ	ウ
①	日本海溝	大西洋中央海嶺	サンアンドレアス断層
②	日本海溝	サンアンドレアス断層	大西洋中央海嶺
③	大西洋中央海嶺	サンアンドレアス断層	日本海溝
④	大西洋中央海嶺	日本海溝	サンアンドレアス断層
⑤	サンアンドレアス断層	日本海溝	大西洋中央海嶺
⑥	サンアンドレアス断層	大西洋中央海嶺	日本海溝

問2　地震の規模(マグニチュード)は，その地震の際に放出されるエネルギーに関連し，両者の間には，次の図1のような関係がある。また，地震のエネルギーは，地震の際に生じる断層面の面積(長さ×幅)と断層のずれの量の積に比例すると考えられる。
　マグニチュードがそれぞれ，7.3, 7.9の二つの地震について，大きいほうの地震の断層のずれの量が，小さいほうの地震の断層のずれの量の2倍であっ

たと仮定すれば，大きいほうの地震の断層面の面積は，小さいほうの地震の断層面の面積の何倍程度になるか。最も適当な数値を，次の①〜④のうちから一つ選べ。 2 倍

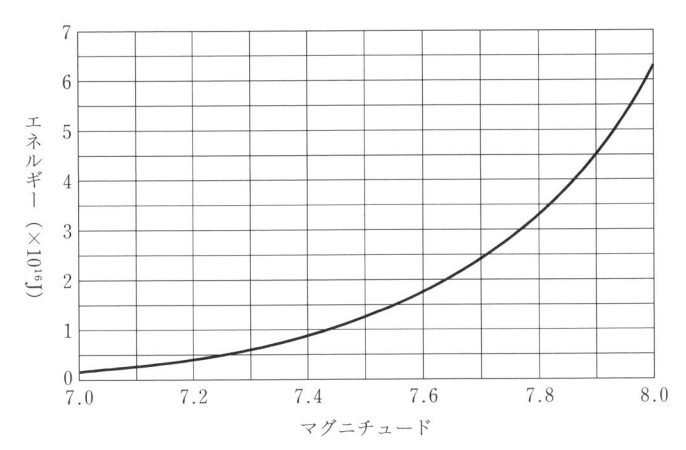

① 2　　　② 4　　　③ 8　　　④ 16

〈図1〉 地震のマグニチュードとエネルギーの関係

問3 地殻熱流量について述べた文として**誤っているもの**を，次の①〜④のうちから一つ選べ。 3

① 中央海嶺の地殻熱流量は，海溝の地殻熱流量よりも小さい。
② 古い造山帯では新しい造山帯よりも地殻熱流量が小さい。
③ 地殻熱流量の一部は，地球内部に含まれる放射性同位体の自然崩壊によって発生する熱がもとになっている。
④ 地温勾配(地下増温率)が大きいほど地殻熱流量も大きい。

問題4 地磁気

地磁気に関する次の文章を読み，下の問い(**問 1 〜 2**)に答えよ。

地表近くの現在の地磁気は，地球の中心に自転軸と約10°傾けて置かれた仮想的な棒磁石による磁場とよく似ている。方位磁針の ア 極がほぼ北の方をさすので，この仮想的な棒磁石は北半球側に イ 極があると考えられる。

問1 　上の文章中の空欄 ア ， イ に入れる語の組合せとして最も適当なものを，次の①〜④のうちから一つ選べ。 1

	ア	イ		ア	イ		ア	イ		ア	イ
①	N	S	②	N	N	③	S	N	④	S	S

問2 　地磁気は，右の図1に示した偏角，伏角，全磁力，水平分力(水平磁力)，鉛直分力(鉛直磁力)などの要素を用いて表される。ある場所での地磁気の方向と大きさを完全に決定できる三つの要素を地磁気の三要素という。地磁気の三要素として最も適当なものを，次の①〜④のうちから一つ選べ。 2

① 全磁力，水平分力，鉛直分力
② 全磁力，水平分力，伏角
③ 偏角，伏角，全磁力
④ 鉛直分力，伏角，水平分力

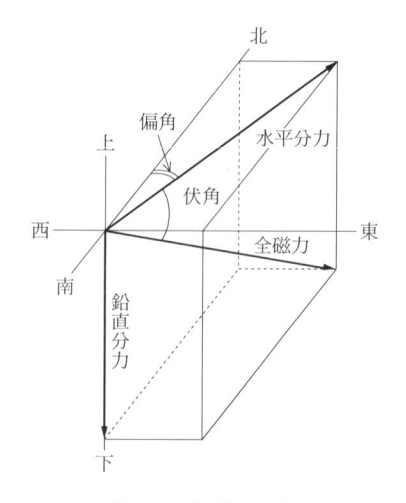

〈図1〉 地磁気の要素

第2回

岩石鉱物

問題1 マグマの発生と火山活動

火山に関する次の文章を読み，下の問い(**問 1～4**)に答えよ。

地球上にある多くの火山は，特定の地域に限られて分布している。島弧や中央海嶺などのほか，ハワイのような海洋島にも，火山は生じている。日本付近でみると，火山は島弧の方向とほぼ平行に並んでいる。火山の分布する海洋側の限界を，火山前線という。

火山活動の様式はさまざまであるが，それを支配する最も重要な要素は，火山活動を起こしたマグマの粘性である。玄武岩質マグマによる火山活動は，マグマの粘性が低いために，多量の溶岩を流出するが，あまり爆発的とはならない。ハワイの火山が，この例である。一方，安山岩質マグマによる火山活動では，マグマの粘性がやや高く，爆発的な活動となる。桜島や浅間山が，この例である。

問 1　次の図1は，海洋地域の地下の温度分布(線 **a**)と，上部マントルをつくっているかんらん岩の融け始める温度(破線 **S**)を表している。点 **P** の状態にあるかんらん岩からマグマが発生するためには，どのような温度，圧力の変化が必要であるか。その組合せとして最も適当なものを，次ページの ①～④ のうちから一つ選べ。　 1

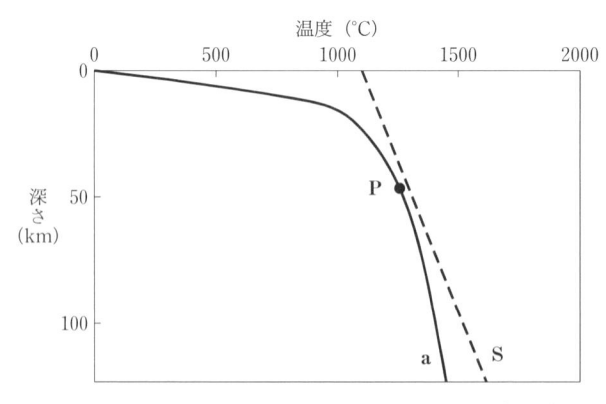

〈図1〉　地下の温度分布とかんらん岩の融解温度

	温　度	圧　力
①	上昇する	上昇する
②	上昇する	低下する
③	低下する	上昇する
④	低下する	低下する

問2　マントルかんらん岩の部分溶融で生じたマグマが，化学組成を変えずにそのまま地表に噴出して固結した。この岩石名は何か。最も適当なものを，次の①〜④のうちから一つ選べ。　2

① 流紋岩
② 玄武岩
③ 花こう岩
④ 斑(はん)れい岩

問3　安山岩からなる火山では，その活動が玄武岩からなる火山に比べて，より爆発的となる。その要因として，安山岩質マグマは玄武岩質マグマに比べ，マグマの粘性が高いことのほかに，一般にどのような性質の違いがあるか。最も適当なものを，次の①〜④のうちから一つ選べ。　3

① 温度が高く，H_2O などの揮発性成分に乏しい。
② 温度が低く，H_2O などの揮発性成分に富んでいる。
③ 温度が高く，H_2O などの揮発性成分に富んでいる。
④ 温度が低く，H_2O などの揮発性成分に乏しい。

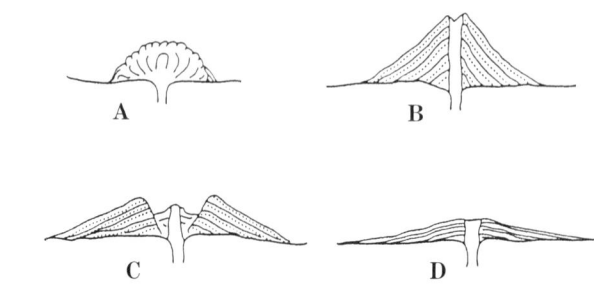

問 4　玄武岩質マグマおよび流紋岩質マグマがつくる火山の形態を表した図 A～D の組合せとして最も適当なものを，下の①～⑧のうちから一つ選べ。　4

	玄武岩	流紋岩
①	A	D
②	A	C
③	B	C
④	B	D
⑤	C	B
⑥	C	A
⑦	D	A
⑧	D	B

（下 書 き 用 紙）

地学Ⅰの問題は 14 ページに続く。

問題2 火成岩

火成岩に関する次の文章を読み，下の問い(**問1～4**)に答えよ。

　火成岩の化学組成，構成鉱物の量比，組織などは，次の図1に見られるように，連続的に変化している。火成岩の名称は，連続しているこの岩石の系列を，人為的に区切って名づけたものである。

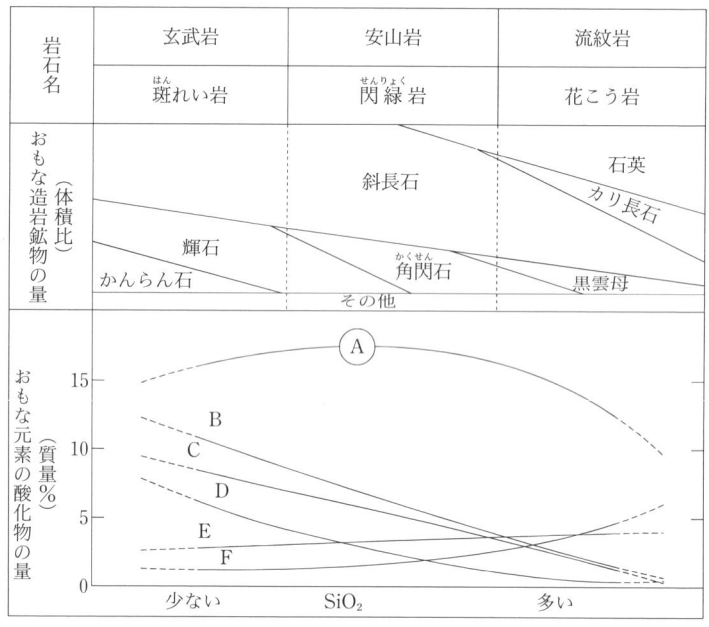

〈図1〉　火成岩の構成鉱物と組成

問1　上の図1中の曲線Ⓐの変化を示す化学成分は何か。最も適当なものを，次の①～④のうちから一つ選べ。　1

① MgO　　② K_2O　　③ CaO　　④ Al_2O_3

問2　MgとFeがいろいろな割合でまじりあって，固溶体をつくる鉱物として最も適当なものを，次の①～④のうちから一つ選べ。　2

① カリ長石　　② 斜長石　　③ かんらん石　　④ 石英

問3　マグマから初期に晶出する斜長石は，晩期に晶出する斜長石と比べて，どのような元素に富んでいるか。最も適当なものを，次の①～④のうちから一つ選べ。　3

① Na　　② Mg　　③ Fe　　④ Ca

問4　密度の最も大きい深成岩はどれか。最も適当なものを，次の①～④のうちから一つ選べ。　4

① 花こう岩　　② 閃緑岩　　③ 斑れい岩　　④ 玄武岩

問題3 変成岩

変成岩の生成に関する次の文章を読み，下の問い(**問1～4**)に答えよ。

　地下深くの岩石は，生成当時と異なる温度や圧力のもとに長くおかれていると，鉱物の種類や組織が変化し，変成岩となる。変成岩は接触変成岩と広域変成岩とに分けられる。接触変成岩は主として熱による変成作用によってできた岩石で，石灰岩が変成された結晶質石灰岩と，砂岩・泥岩などが変成された　ア　とがある。広域変成岩は，造山運動の過程で広範囲に及ぶ変成作用を受けてできた岩石で，高温の変成作用によって　イ　が，高圧の変成作用によって　ウ　ができる。このような変成岩の変成条件を知るために，化学組成は同じであるが，圧力や温度などの生成時の条件の違いによって結晶構造が異なる鉱物の組合せが使われる。

問1　文章中の空欄　ア　～　ウ　に入れる岩石名の組合せとして最も適当なものを，次の①～⑥のうちから一つ選べ。　1

	ア	イ	ウ
①	ホルンフェルス	結晶片岩	片麻岩
②	ホルンフェルス	片麻岩	結晶片岩
③	結晶片岩	ホルンフェルス	片麻岩
④	結晶片岩	片麻岩	ホルンフェルス
⑤	片麻岩	ホルンフェルス	結晶片岩
⑥	片麻岩	結晶片岩	ホルンフェルス

問2　広域変成岩は片理という特殊な構造を示す。片理の定義として最も適当なものを，次の①～④のうちから一つ選べ。　2

① 岩体中の規則的な割れ目で，柱状または板状の構造が多い。
② 堆積物の粒径の変化や堆積条件の変化によって生じる成層構造。
③ 砕屑物の粒子が細かに並んだ筋模様構造。
④ 鉱物が一定方向に配列して生じる線状または面状の構造。

問3　文章中の下線部のように，同じ化学組成でありながら，圧力，温度などの生成条件の変化によって結晶構造が異なる鉱物どうしの関係を何と呼ぶか。最も適当なものを，次の①～④のうちから一つ選べ。　3

① 他形　　② 自形　　③ 同形　　④ 多形

問4　文章中の下線部の関係にある鉱物の組合せとして最も適当なものを，次の①～④のうちから一つ選べ。　4

① 斜長石とカリ長石　　② 紅柱石と珪線石
③ 輝石と角閃石　　　　④ 方解石と石英

問題4　堆積岩

堆積岩の生成に関する次の文章を読み，下の問い(**問1～4**)に答えよ。

　地表に露出している岩石は水や空気によって，風化や侵食を受け，砕屑物になる。さらに流水によって湖や海などに運搬されて堆積物となった後，(a)　ア　作用を受けて堆積岩になる。

問1　文章中の空欄　ア　に入れる語として最も適当なものを，次の①～④のうちから一つ選べ。　1

① 風化　　　② 続成
③ 変成　　　④ 変質

問2　文章中の下線部(a)の作用では，未固結の堆積物にいろいろな物質が作用し固化(岩石化)する。その際に作用した物質の化学組成または主要化学成分として**誤っているもの**を，次の①～④のうちから一つ選べ。　2

① H_2O　　② Mg_2SiO_4　　③ SiO_2　　④ $CaCO_3$

問3　砂岩と泥岩について述べた文として最も適当なものを，次の①～④のうちから一つ選べ。　3

① 砂岩を構成する粒子の粒径は2mm以上で，石英やかんらん石がほとんどである。
② 砂岩の構成鉱物の多くは石英である。
③ 泥岩には石英やかんらん石が多く含まれる。
④ 泥岩の粒子の粒径は2mm程度で，粘土鉱物を多く含む。

問4 石灰岩とチャートの説明文として正しいものの組合せを，下の①〜⑥のうちからそれぞれ一つ選べ。

石灰岩 [4]，チャート [5]

a　ハンマーでたたくと火花が出るほどに硬い。
b　地下水に溶けやすく特異な地形をつくる。
c　接触変成岩の大理石と化学成分が同じである。
d　放散虫化石が特徴的に多く含まれ，日本列島に多い。

① a・b　　② b・c　　③ c・d
④ a・c　　⑤ b・d　　⑥ a・d

第3回

地質地史

問題1 地質調査

地質調査に関する次の文章を読み，下の問い(A，B)に答えよ。

　学校の近くの道路の切り通しに次の図1のような露頭がある。この露頭を地学クラブが調査して，次のような結果を得た。
　この露頭に見られる地層は，不整合で境される**A・B**両層と，**B**層を不整合に覆う赤土を主体とする**C**層からなる。**A**層の泥岩からはアンモナイトが採集されている。**B**層の泥岩からはカエデの葉，種子，および樹幹の化石が発見された。赤土の中に薄い泥炭層があり，その直上から旧石器時代のものとみられる石器が出土した。

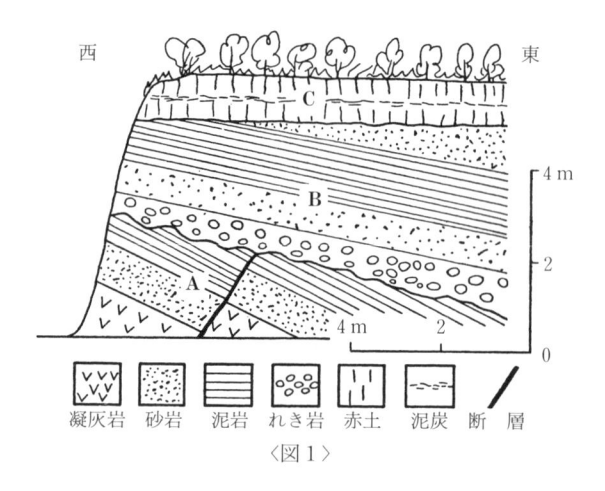

〈図1〉

凝灰岩　砂岩　泥岩　れき岩　赤土　泥炭　断層

A　この露頭の地層について，次の問い(**問1〜3**)に述べてある解釈に異論がでた。それに対して再調査の方法が提案された。

問1　解釈：**A**層では凝灰岩，砂岩，泥岩の順に堆積した。
　　　再調査の方法として最も適当なものを，次の①〜③のうちから一つ選べ。
　　　1

① 断層による落差を実際に巻尺などで計る。
② 砂岩の粒子の配列(級化層理)や斜交葉理(クロスラミナ)を調べる。
③ 地層の厚さや，走向・傾斜をくわしく測定する。

問2　解釈：A層の地質時代はジュラ紀である。
再調査の方法として最も適当なものを，次の①～③のうちから一つ選べ。 2

① 産出したアンモナイトがどの時代の示準化石であるかを調べる。
② アンモナイトの殻を^{14}C(放射性炭素)法によって年代測定する。
③ A層の泥岩の硬さを別の地域のジュラ紀の泥岩のそれと比べる。

問3　解釈：B層の泥岩は被子植物の化石を含むので，淡水成の堆積物である。
再調査の方法として最も適当なものを，次の①～③のうちから一つ選べ。 3

① 泥岩を細かく砕いてビーカーに入れ，蒸留水を加えて塩分の有無を調べる。
② A層とB層の不整合面上の侵食面の形状を調べる。
③ B層から地層面に対し直立した樹幹の化石を探す。

B　前ページの露頭観察に関連して，次の問い(問4・問5)に答えよ。

問4　図1中の断層の種類として最も適当なものを，次の①～④のうちから一つ選べ。 4

① 西側の上盤が下がった逆断層
② 西側の上盤が下がった正断層
③ 東側の上盤が下がった逆断層
④ 東側の上盤が下がった正断層

問5 A層の凝灰岩は，この地域の鍵層である。鍵層について述べた文として最も適当なものを，次の①〜④のうちから一つ選べ。 5

① 含まれる鉱物によって年代測定が可能な地層を鍵層と呼ぶ。
② 含まれる鉱物によって火山活動の種類がわかる地層を鍵層と呼ぶ。
③ 離れた地域の地層を対比するのに役立つ地層を鍵層と呼ぶ。
④ 不整合面の直上に堆積している地層を鍵層と呼ぶ。

(下書き用紙)

地学 I の問題は 26 ページに続く。

問題2 地球の歴史

大陸の変化と生物進化に関する次の文章を読み,下の問い(**問1〜5**)に答えよ。

　大陸の離合集散は,地球環境の変遷と生物進化に大きなかかわりをもったと考えられる。先カンブリア時代末にはロディニアと呼ばれる超大陸ができたが,それが分裂する過程でできた古生代初めの大陸周辺の海では,多種多様な生物が出現した。この生物進化史上の事件は(a)「カンブリア紀大爆発」と呼ばれている。

　古生代初めに存在した大陸(ゴンドワナ大陸)に,さらにいくつかの大陸が合体して,古生代後期には超大陸(パンゲア)が形成された。次の図1は,2億6千万年前の大陸配置図である。(b)パンゲア超大陸の低・中緯度の地域では森林が発達し,南部の高緯度地域では　ア　が広範囲に拡大した。この当時の海洋は,超大陸を取り囲む海と,大陸に入り込むテーチス海と呼ばれる海が存在した。

　地球上の生物は,これまでに大規模な絶滅事件を何度か経験してきた。とくに(c)古生代末には,海生動物種の約95％もが絶滅した。その後,中生代にかけて生物の多様性は回復したが,(d)中生代末には再び生物の大量絶滅が起こった。

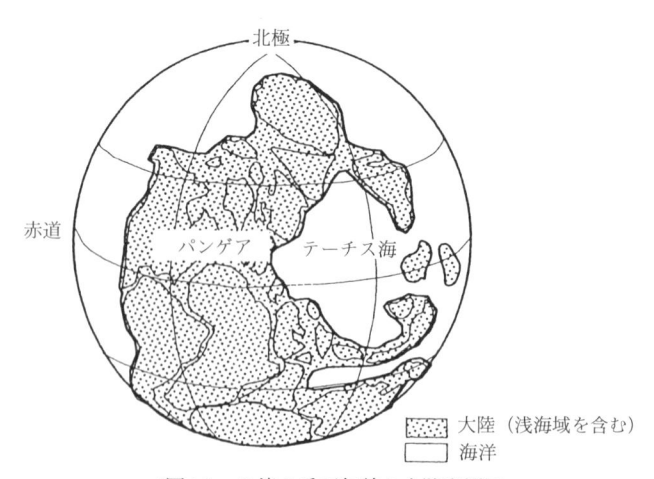

〈図1〉　2億6千万年前の大陸配置図

問1　文章中の下線部(a)に関連した文として最も適当なものを，次の①〜④のうちから一つ選べ。　1

① この時代の堆積岩（たいせき）からは，エディアカラ動物群と呼ばれる化石群が発見された。
② 海洋の生物群の中には，硬い殻や骨格をもつ動物が現れた。
③ 大量の生物群の出現により，海水中の酸素量は少なくなった。
④ この時代には，海域だけでなく陸域にも脊椎（せきつい）をもった動物が現れた。

問2　文章中の下線部(b)に関連して，古生代から中生代にかけて，陸上植物が出現した順序として最も適当なものを，次の①〜④のうちから一つ選べ。　2

① 裸子植物　→　シダ植物　→　被子植物
② 被子植物　→　裸子植物　→　シダ植物
③ シダ植物　→　被子植物　→　裸子植物
④ シダ植物　→　裸子植物　→　被子植物

問3　文章中の空欄　ア　に入れる語として最も適当なものを，次の①〜④のうちから一つ選べ。　3

① 氷河
② チャート
③ 枕状溶岩（まくら）
④ クレーター

問4　文章中の下線部(c)に関連して，古生代末に絶滅した生物として最も適当なものを，次の①〜④のうちから一つ選べ。　4

① トリゴニア(三角貝)
② 三葉虫
③ マンモス象
④ ビカリア

問5 文章中の下線部(d)に関連した文として**誤っているもの**を，次の ① 〜 ④ のうちから一つ選べ。 5

① 中生代末の大量絶滅以降に，哺乳類が初めて出現した。
② 中生代末の大量絶滅は，巨大隕石の衝突による環境の急変が原因であると考えられている。
③ 中生代末には，恐竜やアンモナイトが絶滅した。
④ 中生代末には，大西洋やインド洋はすでに存在して広がりつつあった。

（下　書　き　用　紙）

地学 I の問題は 30 ページに続く。

30 ● 地学 I

問題 3　地質図

地質図に関する次の文章を読み，下の問い(**問 1〜6**)に答えよ。

　次の図 1 は，地表に A 層・B 層・C 層が分布する地域の地質図である。この地域のボーリング調査から，C 層の下には地表に分布しない D 層(砂岩層)があり，C 層・D 層は単一の褶曲(しゅうきょく)を示すことがわかった。標高 600 m の三角山山頂から垂直に掘ったボーリングは，D 層に達したところで，石油と天然ガスを産出した。また，この地域の B 層からデスモスチルスの臼歯(きゅうし)，D 層からヌンムリテス(カヘイ石)の化石をそれぞれ産出した。また，B 層の最下部には C 層起源の泥岩からなる礫(れき)が多数見られた。

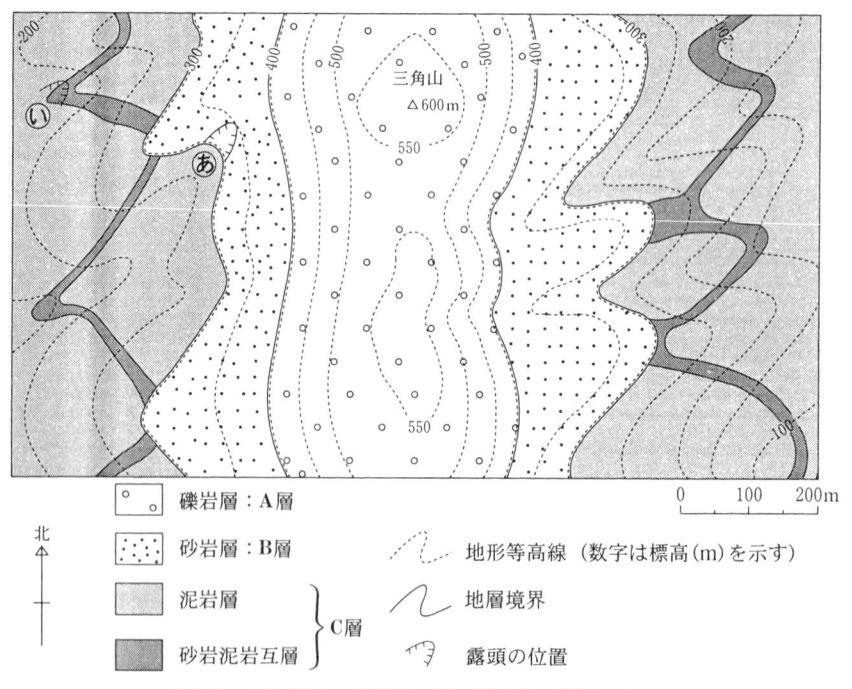

〈図 1〉　調査地域の地質図。図の範囲内に断層はない。

問1　図1中の**東側**に分布するC層の走向，傾斜方向，傾斜角として最も適当なものを，それぞれ解答群から一つ選べ。

走向　[1]
　解答群　① 東―西　　　　　② 南―北
　　　　　③ 北西―南東　　　④ 北東―南西

傾斜方向　[2]
　解答群　① 東　　② 西　　③ 南　　④ 北
　　　　　⑤ 北西　⑥ 南東　⑦ 北東　⑧ 南西

傾斜角　[3]
　解答群　① 5°　② 15°　③ 45°　④ 85°　⑤ 90°

問2　三角山山頂から，ボーリングを何メートル(m)掘削するとA層の基底に到達するか。最も適当な数値を，次の①〜⑤のうちから一つ選べ。[4] m

① 50　　　　② 200　　　　③ 300
④ 500　　　⑤ 700

問3　C層・D層が示す褶曲の種類，およびB層とC層の関係を示す語の組合せとして最も適当なものを，次の①〜④のうちから一つ選べ。[5]

	褶曲の種類	関係を示す語
①	向斜	整合
②	向斜	傾斜不整合
③	背斜	整合
④	背斜	傾斜不整合

問4　C層・D層が褶曲した時代として最も適当なものを，次の①〜④のうちから一つ選べ。[6]

① ジュラ紀以前　　② 白亜紀　　③ 第三紀　　④ 第四紀

問5 次の図2は，図1中の露頭⑧の写真である。図2の砂岩層には，約30°傾いた筋状の模様(堆積構造)が見られる。この堆積構造は何と呼ばれるか。また，それはどのような作用で形成されたか。堆積構造の名前と形成作用を示した語句の組合せとして最も適当なものを，下の①〜④のうちから一つ選べ。

7

〈図2〉

	堆積構造	形成作用
①	斜交層理(斜交葉理)	堆積時の水流
②	斜交層理(斜交葉理)	堆積後の地殻変動
③	片理(片状構造)	堆積時の水流
④	片理(片状構造)	堆積後の地殻変動

問6 図1中のC層の露頭◯で，次の柱状図(図3)のような級化成層(級化層理)を観察した。図3から見て，この砂岩泥岩互層はどのようにして堆積したと考えられるか。最も適当なものを，下の①〜④のうちから一つ選べ。　8

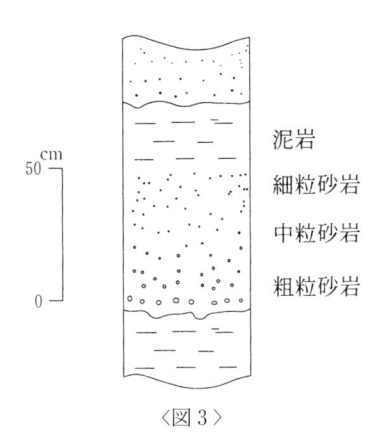

〈図3〉

（柱状図：下から粗粒砂岩・中粒砂岩・細粒砂岩・泥岩）

① 砂漠で風に運搬されて堆積した。
② 海底で混濁流に運搬されて堆積した。
③ 陸上で地すべりによって堆積した。
④ 海水中に溶けていた物質が浅海で化学的に沈殿した。

第4回

大気海洋

問題1 大気圏の構造

大気圏の構造およびその特徴に関する下の問い(**問 1～3**)に答えよ。

次の図1は，大気圏の気温の高度分布を表している。大気圏は高度と気温変化の関係から，**ア～エ**の4つの圏に分けられている。

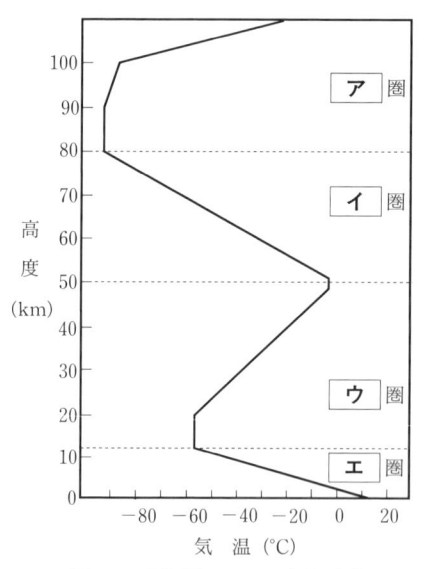

〈図1〉 大気圏における気温変化

問1 図1中の ア ～ エ に入れる名称の組合せとして，最も適当なものを，次の①～④のうちから一つ選べ。 1

	ア	イ	ウ	エ
①	対流	成層	中間	熱
②	対流	中間	成層	熱
③	熱	中間	成層	対流
④	熱	成層	中間	対流

問2　図1中の**ウ**圏では，高度が高くなるにつれて，気温が上昇している。その理由として最も適当なものを，次の①～④のうちから一つ選べ。　2

① 大気中のオゾンが，太陽からの紫外線を吸収しているため。
② 大気中の二酸化炭素が，太陽からの赤外線を吸収しているため。
③ 大気中の酸素が，太陽からの可視光線を吸収しているため。
④ 酸素や窒素の分子が，強いX線により電離しているため。

問3　大気のはたらきで地表の温度が高く保たれている現象を温室効果といい，温室効果をもたらす大気成分を温室効果気体と呼ぶ。温室効果気体について述べた文として**誤っている**ものを，次の①～④のうちから一つ選べ。　3

① 温室効果気体には二酸化炭素のほかメタン，フロンなどがある。
② 温室効果気体は赤外線を吸収している。
③ 温室効果気体は可視光線を放射している。
④ 温室効果気体は可視光線を透過している。

問題 2　大気中の水

降雨のしくみに関する次の文章を読み，下の問い（**問 1〜4**）に答えよ。

雨の降るしくみには，暖かい雨と冷たい雨（氷晶雨）の二つの種類がある。このうち，日本など温帯で降る冷たい雨の形成機構は次のように説明される。

大気下層にある未飽和の空気塊が上昇すると，　ア　によりその空気塊の温度が下がる。温度が　イ　まで下がると，大気中に浮遊している微粒子（エアロゾル）を核にして水滴（雲粒）ができ，雲がつくられる。氷点下の低温では過冷却した水滴からなる雲の中に氷晶が発生する。過冷却した水滴と氷晶が共存すると，過冷却した水滴は急速に蒸発し，一方，昇華により氷晶が急速に成長する。大きく成長した氷晶は落下し，温度が 0 ℃以上の下層の大気を通過すると，途中でとけて水滴となる。

問 1　文章中の空欄　ア　に入れる語として最も適当なものを，次の①〜④のうちから一つ選べ。　1

① フェーン現象　　② 断熱膨張
③ 熱伝導　　　　　④ 放射冷却

問 2　文章中の空欄　イ　に入れる語として最も適当なものを，次の①〜④のうちから一つ選べ。　2

① 氷点　　② 融点
③ 露点　　④ 圏界面温度

問3　文章中の下線部の理由について述べた文として最も適当なものを，次の①〜④のうちから一つ選べ。　3

① 氷に対する飽和水蒸気圧は，過冷却水に対する飽和水蒸気圧よりも小さい。
② 氷に対する飽和水蒸気圧は，過冷却水に対する飽和水蒸気圧よりも大きい。
③ 過冷却水に対する飽和水蒸気圧は温度に比例するが，氷に対する飽和水蒸気圧は一定である。
④ 過冷却水に対する飽和水蒸気圧は温度に比例するが，氷に対する飽和水蒸気圧は温度に反比例する。

問4　雨粒の直径を 2 mm，雲粒の直径を 0.02 mm とすると，雨粒 1 個の水の量は雲粒何個分に相当するか。次の①〜④のうちから最も適当な数値を一つ選べ。　4　個

① 100　　　② 1万　　　③ 100万　　　④ 1億

問題 3　大気の運動

梅雨のころの天気に関する次の文章を読み，下の問い（**問 1～3**）に答えよ。

梅雨は日本の気候を特徴づける現象の一つであり，6月後半から7月前半ごろに西日本から関東にかけて最盛期となる。しかし，その時の天候の特徴は，西日本と東日本とでかなり異なっている。

例えば東日本では，梅雨前線の北側にある　ア　高気圧の影響をより強く受けて，しとしとと雨が降る肌寒い日が多い。一方，西日本では，一般に梅雨前線付近での降水量が東日本よりも多い。しかもその多量の降水は，発達した(a)積乱雲の集団による集中豪雨としてもたらされやすい。ところで，特に西日本側の梅雨前線南方の　イ　高気圧に覆われた領域やその縁辺部では，(b)対流圏下層（例えば地上約1.5 km）で北向き成分をもつ強風が吹いていることが多い。この風による水蒸気輸送は，梅雨前線付近での多量の降水を維持する重要な要因の一つとなる。

問 1　文章中の空欄　ア　・　イ　に入れる語の組合せとして最も適当なものを，①～④のうちから一つ選べ。　1

	ア	イ
①	オホーツク海	移動性
②	オホーツク海	小笠原（北太平洋）
③	シベリア	小笠原（北太平洋）
④	シベリア	移動性

問 2　文章中の下線部(a)に関連して，積乱雲の発生に好都合な気象状況の例を述べた文として**誤っているもの**を，次の①～④のうちから一つ選べ。　2

① おもに対流圏下層の空気が，冷たい地面や海面の影響により冷却される。
② おもに対流圏の下層に，湿った暖かい空気が流入する。

③

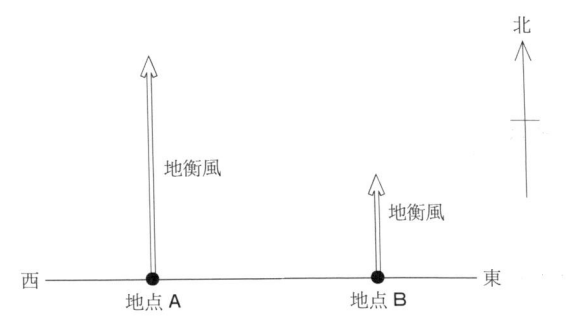

問題 4　海水

海水の密度に関する次の文章を読み，下の問い(問 1〜3)に答えよ。

海水の密度は圧力のほかに水温と塩分によって変わる。水温は(a)海面での加熱や冷却，蒸発などによって変化する。高緯度海域を除くと，表層には暖かくて軽い海水が，深層には冷たくて重い海水が分布し，その間に　ア　が存在する。塩分は(b)降水や海面からの蒸発などによって変化する。しかし，沿岸や高緯度海域を除くと，密度に及ぼす影響は水温に比べて小さい。

問 1　文章中の空欄　ア　に入れる語として最も適当なものを，次の①〜④のうちから一つ選べ。　1

① 不安定層
② 混合層
③ 水温前線
④ 水温躍層(温度躍層)

問 2　文章中の下線部(a)と(b)に関連して，海面からの蒸発によって引き起こされる海面付近の変化を述べた文として最も適当なものを，次の①〜④のうちから一つ選べ。　2

① 水温も塩分も上がる。
② 水温も塩分も下がる。
③ 水温は上がり，塩分は下がる。
④ 水温は下がり，塩分は上がる。

問3　次のグラフは，海水を構成する物質のうち，水を除いた塩類の組成を質量パーセントで示したものである。グラフ中の A に当てはまる塩類の化学式として最も適当なものを，下の①〜⑤のうちから一つ選べ。　3

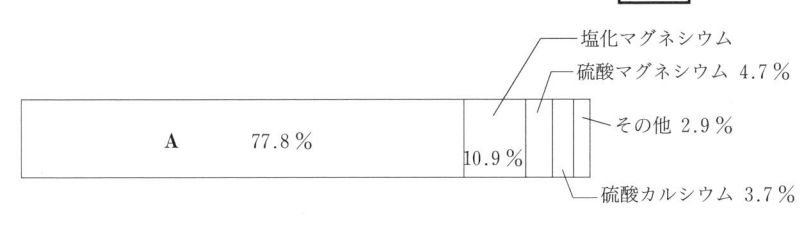

```
                                   塩化マグネシウム
                                   硫酸マグネシウム 4.7 %
    ┌─────────────────────┬────┬──┬─ その他 2.9 %
    │      A      77.8 %  │10.9│  │
    └─────────────────────┴────┴──┴─ 硫酸カルシウム 3.7 %
```

① NaCl　　　② Na_2CO_3　　　③ $CaCO_3$

④ Na_2SO_4　　　⑤ K_2SO_4

問4　北半球における地衡流の方向と水平面内での圧力の関係について述べた文として最も適当なものを，次の①〜④のうちから一つ選べ。　4

① 等圧線に沿って，圧力の高い方を右に見る方向に流れる。
② 等圧線に沿って，圧力の高い方を左に見る方向に流れる。
③ 圧力の高い方から低い方へ流れる。
④ 圧力の低い方から高い方へ流れる。

第5回

天文

問題1 太陽系

太陽系の天体に関する次の文章を読み、下の問い(**問1〜3**)に答えよ。

太陽系の惑星は、その特徴の違いから地球型惑星と木星型惑星の二つのグループに分けることができる。 ア 型惑星は イ 型惑星に比べ、半径や質量は小さいが平均密度は大きい。また、多くの衛星や環をもつのは ウ 型惑星である。自転周期は、 エ 型惑星のほうが短い。太陽系の惑星が オ と カ の間を境にして、このように特徴の異なる二つのグループに分かれることは、その成因とも関連して興味深い。

これらの惑星は太陽を一つの焦点とする楕円軌道を描き、いずれも同じ方向に公転している。その公転運動の周期と太陽からの平均距離の間には、ケプラーの第三法則と呼ばれる単純で美しい法則が成り立っている。もし太陽からの平均距離が100天文単位である新しい惑星が発見されたとすると、この法則を用いれば、その公転周期は キ 年であることがわかる。

問1 文章中の空欄 ア 〜 エ に入れる語の組合せとして最も適当なものを、次の①〜⑤のうちから一つ選べ。 1

	ア	イ	ウ	エ
①	地球	木星	地球	木星
②	木星	地球	木星	木星
③	地球	木星	木星	地球
④	木星	地球	地球	地球
⑤	地球	木星	木星	木星

問2　文章中の空欄 オ ・ カ に入れる語の組合せとして最も適当なものを，次の①〜④のうちから一つ選べ。 2

　　　　オ　　　カ
① 金星　　地球
② 地球　　火星
③ 火星　　木星
④ 木星　　土星

問3　文章中の空欄 キ に入れる数値として最も適当なものを，次の①〜④のうちから一つ選べ。 3

① 10　　　② 1,000　　　③ 10,000　　　④ 1,000,000

問題2 恒星の性質とHR図

次の図1は，太陽から25パーセク以内の恒星についてのHR図(H・R図)である。また，図2と図3は，それぞれ，ある散開星団XとYについてのHR図であるが，星団までの距離がわからないので，縦軸は絶対等級ではなく，見かけの等級がとってある。これらの図に関して次の問い(問1〜4)に答えよ。

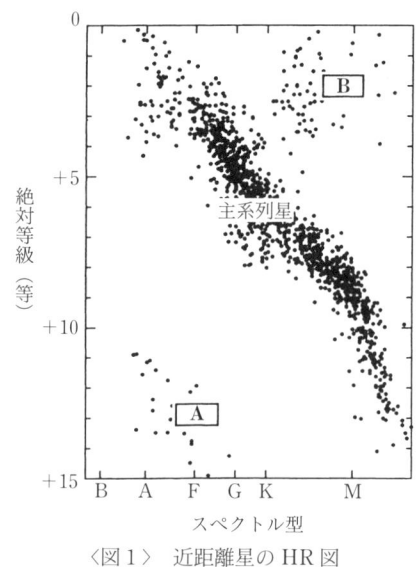

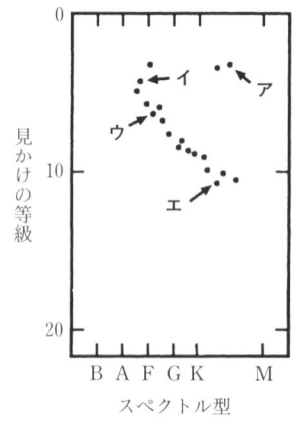

〈図1〉 近距離星のHR図

〈図2〉 散開星団XのHR図

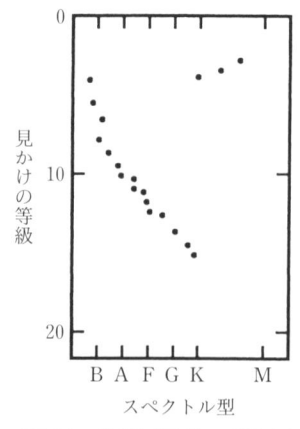

〈図3〉 散開星団YのHR図

問 1　図1中の空欄　A　・　B　に入れる語の組合せとして最も適当なものを，次の①〜④のうちから一つ選べ。　1

	A	B
①	超新星	中性子星
②	中性子星	白色矮星
③	白色矮星	巨星
④	巨星	超新星

問 2　図1中の主系列星について述べた文として最も適当なものを，次の①〜④のうちから一つ選べ。　2

① 主系列星は，重力による収縮段階にある。
② 主系列星では，中心部で水素の核融合反応が進行している。
③ 主系列星では，中心部でヘリウムの核融合反応が進行している。
④ 主系列星では，高温のために鉄の分解が進行している。

問 3　図2の散開星団 X 中の4つの星ア〜エのうち，生まれたときの質量が最も大きかったものはどれか。次の①〜④のうちから最も適当なものを一つ選べ。　3

① ア　　　② イ　　　③ ウ　　　④ エ

問 4　図2と図3の散開星団 X と Y の年齢と距離について述べた文として最も適当なものを，次の①〜④のうちから一つ選べ。ただし，主系列における G 型星の絶対等級は，どの星団においてもほぼ等しいと考えてよい。　4

① 星団 X は，星団 Y よりも若く，遠くにある。
② 星団 X は，星団 Y よりも若く，近くにある。
③ 星団 X は，星団 Y よりも古く，遠くにある。
④ 星団 X は，星団 Y よりも古く，近くにある。

問5 散開星団 X や Y の性質を述べた文として**誤っているもの**を，次の①〜④のうちから一つ選べ。　5

① 散開星団内の星は，重元素(ヘリウムより重い元素)を多く含む種族Ⅰ(第Ⅰ種族)の星である。
② 散開星団内の星の年齢は古く，多くは100億年以上前に誕生した。
③ 散開星団は，銀河面(天の川)に沿って分布している。
④ 散開星団は，数百個程度の星が不規則に集まっている。

(下 書 き 用 紙)

地学Ⅰの問題は 52 ページに続く。

問題3 銀河系

銀河系の構造に関する次の文章を読み，下の問い(**問 1〜3**)に答えよ。

　私たちの銀河系は，太陽を含む約2000億個以上の恒星などの大集団である。次の図1は銀河系を真横から見た姿で，直径約3万光年の ア ，渦巻状の構造をした直径約10万光年の円盤部，円盤部をとりまく直径約15万光年の イ の3つの部分から構成されている。

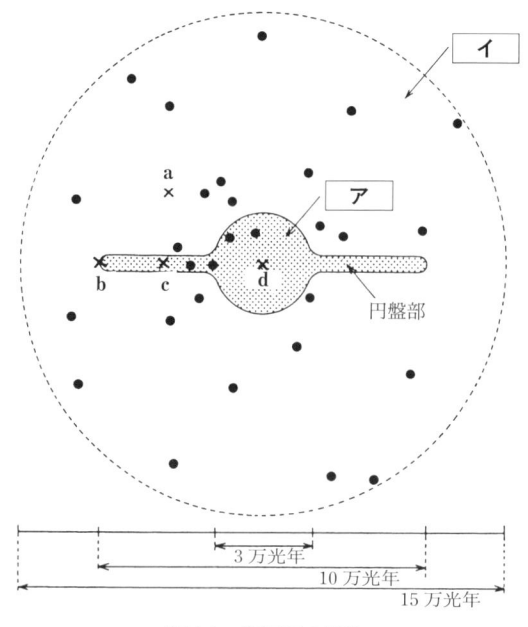

〈図1〉 銀河系の構造

問1 文章中および図1中の空欄 ア ， イ に入れる語の組合せとして適当なものを，次の①〜⑥のうちから一つ選べ。 1

	ア	イ
①	バルジ	ハロー
②	バルジ	コロナ
③	ハロー	バルジ
④	ハロー	コロナ
⑤	コロナ	ハロー
⑥	コロナ	バルジ

問2 銀河系の中で太陽の位置は図1中の**a〜d**のどこか。最も適当なものを，①〜④のうちから一つ選べ。 | 2 |

① a　　　② b　　　③ c　　　④ d

問3 銀河系の円盤部が渦巻状の構造をしていることは，波長21 cmの電波の観測によって調べられている。この電波を放っているものは何か。最も適当なものを，次の①〜⑤のうちから一つ選べ。 | 3 |

① 水素原子　　　② 鉄原子
③ ウラン原子　　④ 水分子
⑤ 一酸化炭素分子

問題4　銀河と宇宙

宇宙の膨張に関する次の文章を読み，下の問い(**問 1～4**)に答えよ。

　宇宙が膨張していると推定されるのは，スペクトル線の観測の結果，遠くの銀河がすべてわれわれの銀河系から遠ざかっていると考えられるからである。多くの銀河についてその距離と後退速度とが測定された結果，後退速度は距離に比例していることがわかった。この関係は，現在，　ア　の法則として知られている。

問 1　文章中の空欄　ア　に入れる人名として最も適当なものを，次の①～④のうちから一つ選べ。　1

① アインシュタイン　　② ニュートン
③ ケプラー　　　　　　④ ハッブル

問 2　文章中の下線の部分は，具体的にスペクトル線のどのような観測事実からわかったか。最も適当なものを，次の①～④のうちから一つ選べ。　2

① 波長が，長い方にずれている。
② 波長が，短い方にずれている。
③ 強さが，時間とともに変化する。
④ 波長が，時間とともに変化する。

問 3　おとめ座銀河団の後退速度は約 1000 km/s で，クェーサー(準星) 3 C 273 の後退速度は約 48000 km/s である。3 C 273 の距離はおとめ座銀河団の距離のおよそ何倍か。最も適当な数値を，次の①～⑤のうちから一つ選べ。　3　倍

① 5　　② 7　　③ 50　　④ 70　　⑤ 100

問 4　宇宙は今からおよそ何年前に誕生したか。その数値として最も適当なものを，次の①～④のうちから一つ選べ。　4　年

① 46 億　　② 100 億　　③ 140 億　　④ 210 億

実力判定テスト

- ●配点は100点です。解答は本冊を参照してください。
- ●制限時間は60分です。その時間が来たら，いったん中止し，即採点してください。理解が不十分なところは，解説を読んで，あいまいな箇所がないようにしましょう。

第 1 問 固体地球に関する次の問い(A・B)に答えよ。
〔解答番号 | 1 | ～ | 6 | 〕(配点 20)

A 地球の形と大きさに関する次の文章を読み，下の問い(**問 1～3**)に答えよ。

　地球の形と大きさに最もよく合う回転楕円体を地球楕円体と呼ぶ。地球楕円体の赤道半径は極半径よりも約 21 km 長く，その平均半径は約 6400 km であり，偏平率は約 | ア | である。また，重力は万有引力と地球自転による遠心力の合力であり，これらの値も地球楕円体上では，緯度によって異なっている。

問 1 上の文章中の空欄 | ア | に入れる数値として最も適当なものを，次の ①～④ のうちから一つ選べ。| 1 |

① $\dfrac{1}{300}$　　② $\dfrac{1}{500}$　　③ 300　　④ 500

問 2 地球の形を球としたとき，同一経線上の 2 地点の距離が d 〔km〕，2 地点の緯度の差が $\theta°$ であった。地球の半径を表す式として最も適当なものを，次の ①～④ のうちから一つ選べ。| 2 |

① $\dfrac{360° d}{\pi \theta°}$　　② $\dfrac{360° \theta°}{\pi d}$　　③ $\dfrac{180° d}{\pi \theta°}$　　④ $\dfrac{180° \theta°}{\pi d}$

問 3 地球楕円体上の重力，万有引力，遠心力は緯度によってそれぞれどのように変化するか。最も適当なものを，次の ①～④ のうちから一つ選べ。
| 3 |

① 重力は極で最大，万有引力と遠心力は赤道で最小である。
② 重力は極で最小，万有引力と遠心力は赤道で最大である。
③ 重力と万有引力は極で最大，遠心力は赤道で最大である。
④ 重力と万有引力は極で最小，遠心力は赤道で最小である。

B 地球内部の構造に関する次の文章を読み，下の問い（**問 4〜6**）に答えよ。

　次の図 1 は地球内部を伝わる地震波の速度を表したものである。P 波も S 波も約 2900 km の深さまではその速度が増加しているが，P 波は約 2900 km 以深ではその速度が激減した後，再び増加し，約 5100 km 付近で不連続に増加する。一方，S 波は約 2900 km 以深には伝わらない。このような地震波の不連続面から，地殻よりも深部の地球内部はマントル，外核，内核の 3 つの層に区分されている。

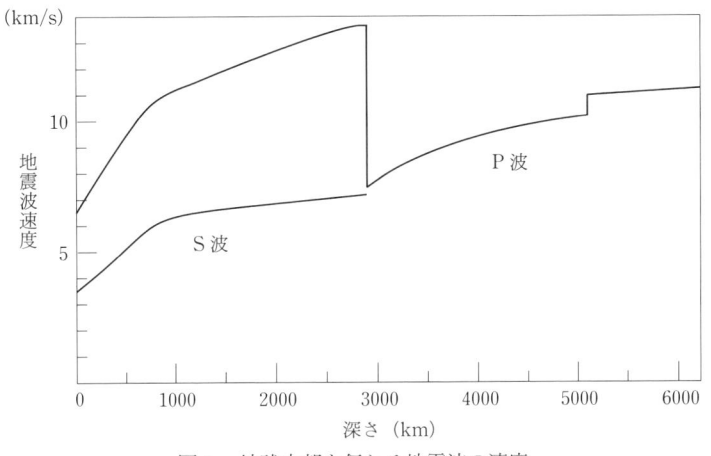

図 1　地球内部を伝わる地震波の速度

問 4　文章中の下線部に関連して，深さ約 2900 km を境に P 波の速度が大きく変化する理由として最も適当なものを，次の ①〜④ のうちから一つ選べ。

　　　4

① マントルよりも外核の方が平均密度が小さい。
② マントルよりも外核の方が圧力が大きい。
③ マントルよりも外核の方が低温である。
④ マントルに比べて，外核を構成する物質の方が軟らかい状態にある。

問5 地震波の性質について述べた文として最も適当なものを，次の①～④のうちから一つ選べ。 5

① P波は震源で発生し，S波は震央で発生する。
② P波はS波よりも先に観測地に到達する。
③ P波に比べてS波の振幅は一般に小さい。
④ P波は横波，S波は縦波である。

問6 地球全体の化学組成を多い順に並べたものとして最も適当なものを，次の①～④のうちから一つ選べ。 6

多い ←――→ 少ない
① O　　Si　　Al
② Si　　O　　Al
③ Fe　　O　　Si
④ O　　Si　　Fe

（下 書 き 用 紙）

地学Ⅰの問題は60ページに続く。

第 2 問 岩石鉱物に関する次の問い(A・B)に答えよ。

〔解答番号 1 ～ 6 〕（配点 20）

A 火成岩に関する次の文章を読み，下の問い(**問 1～3**)に答えよ。

プレートがつくられている中央海嶺では，地下の温度が上部マントルを構成するかんらん岩の融け始める温度を超えている部分があるために，マグマが発生しやすくなっている。一方，日本列島のような島弧では，海溝から沈み込んだプレートから　ア　が放出されることによって，かんらん岩の融け始める温度が低下し，マグマが発生すると考えられている。さらに，ハワイ島のようなホットスポットでは，プレートよりも深部のマントルに温度の高い部分があり，それが原因となって火山が活動している。

問 1 上の文章中の空欄　ア　に入れる酸化物の化学式として最も適当なものを，次の①～④のうちから一つ選べ。 1

① SiO_2 ② $CaCO_3$ ③ H_2O ④ Al_2O_3

問 2 日本列島のような島弧およびハワイ島のようなホットスポットで典型的に見られる火山岩の組合せとして最も適当なものを，次の①～⑥のうちから一つ選べ。 2

	島　弧	ホットスポット
①	流紋岩	玄武岩
②	流紋岩	流紋岩
③	安山岩	玄武岩
④	安山岩	流紋岩
⑤	玄武岩	玄武岩
⑥	玄武岩	安山岩

問3　中央海嶺における火山活動によって水中に流れ出た溶岩を構成する鉱物の組合せとして最も適当なものを，次の①〜④のうちから一つ選べ。　3

① 石英，黒雲母
② 斜長石，かんらん石
③ 輝石，カリ長石
④ 紅柱石，方解石

B　堆積岩に関する次の文章を読み，下の問い(問4〜6)に答えよ。

　地表に露出している岩石は，風化作用や侵食作用によって破壊される。風化作用には岩石を細片化する物理的(機械的)風化と，岩石を化学反応によって溶かす化学的風化とがあり，二つの風化作用は同時に進行することが多い。
　風化・侵食された物質は，河川・氷河・風などによって運搬され，堆積する。堆積物は上に乗った堆積物の荷重によって水が抜け出して体積が減少するとともに，水中に溶けていた物質によって粒子どうしがくっついて堆積岩となる。このような過程を経て形成された堆積岩を砕屑岩と呼ぶ。堆積岩には，砕屑岩以外に火山砕屑岩，生物岩，化学岩がある。

問4　砂岩を構成する粒子の大きさとして最も適当なものを，次の①〜④のうちから一つ選べ。　4

① $\dfrac{1}{256}$ mm 未満
② $\dfrac{1}{256}$ mm 〜 $\dfrac{1}{16}$ mm
③ $\dfrac{1}{16}$ mm 〜 2 mm
④ 2 mm 以上

問5　前ページの文章中の下線部の作用を何と呼ぶか。最も適当なものを，次の①〜④のうちから一つ選べ。　5

① 変成作用　　② 続成作用　　③ 結晶分化作用　　④ 変質作用

問6　放散虫の遺骸を主とする深海底の堆積物が固化すると，どのような生物岩となるか。その岩石の名称と主要な化学成分の組合せとして最も適当なものを，次の①〜④のうちから一つ選べ。　6

	名　称	化学成分
①	石灰岩	SiO_2
②	石灰岩	$CaCO_3$
③	チャート	SiO_2
④	チャート	$CaCO_3$

（下書き用紙）

地学Ⅰの問題は64ページに続く。

64 ● 地学 I

第 3 問 地質調査と地層の分布に関する次の文章を読み，下の問い(**問 1〜6**)に答えよ。〔解答番号 1 〜 6 〕(配点 20)

　ある地域の野外調査およびボーリング調査から，次の図1のような地質図を作成した。**A**層の下部は礫岩，上部は泥岩からなる。**B**層は砂岩，**C**層は礫岩からなり，互いに整合に堆積している。また，**C**層の礫岩中の礫には**G**岩体に由来する礫が含まれていた。**D**層は泥岩，**E**層は砂岩，**F**層は石灰岩からなり，互いに整合に堆積している。**G**岩体は約1億年前の放射年代(絶対年代)を示す花こう岩で，**E**層，**F**層に接触変成作用を与えている。

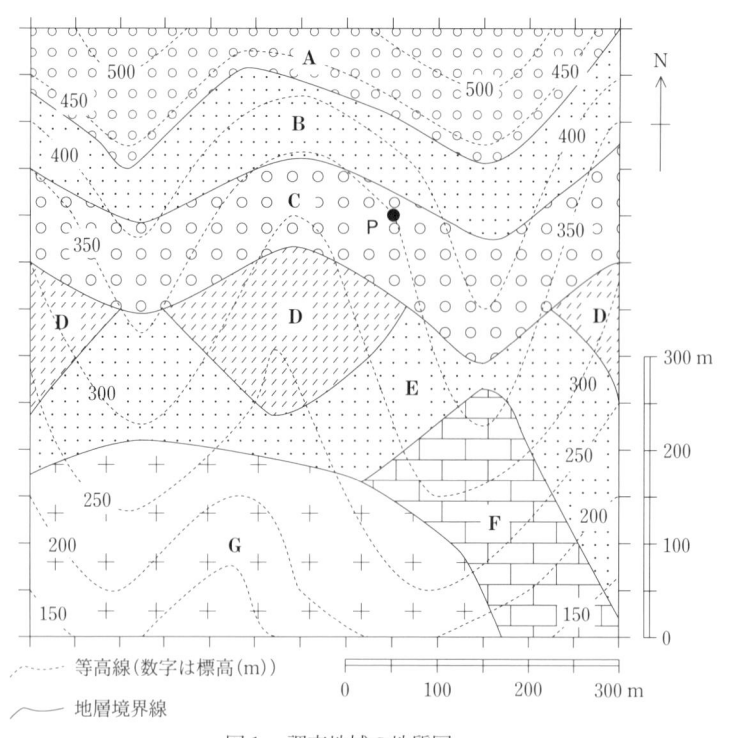

図1　調査地域の地質図

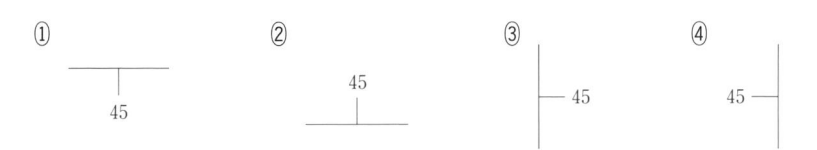

問 1　前ページの図1中の F 層の走向傾斜を表す記号として最も適当なものを，次の①〜④のうちから一つ選べ。　1

① 　　　　　　　② 　　　　　　　③ 　　　　　　　④

　　　45　　　　　　　　45　　　　　　　　45　　　　　　　　45

問 2　前ページの図1中の P 地点で鉛直方向にボーリング調査を行った。C 層は地表から地下何メートル(m)まで続いているか。その厚さとして最も適当なものを，次の①〜④のうちから一つ選べ。　2　m

① 50　　　② 100　　　③ 150　　　④ 200

問 3　前ページの図1中の A 層からはビカリア(ビカリヤ)の化石，B 層からはアンモナイトの化石，F 層からは紡錘虫(フズリナ)の化石がそれぞれ発見された。A 層，B 層，F 層の地質時代の組合せとして最も適当なものを，次の①〜⑥のうちから一つ選べ。　3

	A 層	B 層	F 層
①	古生代	中生代	新生代
②	古生代	新生代	中生代
③	中生代	古生代	新生代
④	中生代	新生代	古生代
⑤	新生代	古生代	中生代
⑥	新生代	中生代	古生代

問 4 泥岩が接触変成作用を受けてできる岩石として最も適当なものを，次の①〜⑥のうちから一つ選べ。 4

① 片麻岩   ② 結晶片岩   ③ ホルンフェルス
④ 大理石   ⑤ 斑れい岩   ⑥ 凝灰岩

問 5 64ページの図1中のA層とB層，C層とD層の関係を表す語として最も適当なものを，次の①〜⑥のうちから一つ選べ。 5

	A層とB層	C層とD層
①	平行不整合	傾斜不整合
②	平行不整合	整 合
③	平行不整合	平行不整合
④	傾斜不整合	平行不整合
⑤	傾斜不整合	傾斜不整合
⑥	傾斜不整合	整 合

問 6 64ページの図1中のB層，D層，G岩体のできた順序として最も適当なものを，次の①〜⑥のうちから一つ選べ。 6

	古い ←——→ 新しい		
①	B 層	D 層	G岩体
②	B 層	G岩体	D 層
③	D 層	B 層	G岩体
④	D 層	G岩体	B 層
⑤	G岩体	B 層	D 層
⑥	G岩体	D 層	B 層

(下 書 き 用 紙)

地学Ⅰの問題は 68 ページに続く。

第4問 大気と海洋に関する次の問い(A・B)に答えよ。

〔解答番号 | 1 | ～ | 6 | 〕(配点 20)

A 地球大気に関する次の文章を読み，下の問い(**問1～3**)に答えよ。

　大気圏外で，太陽光線に垂直な平面1 m²が受け取る太陽放射量を太陽定数と呼び，その値は約1370 Wである。そのうち約30 %は地表や雲による反射，大気による散乱によって直ちに宇宙空間に戻され，残りの70 %を大気と地表が吸収している。大気と地表が吸収する太陽放射量の値は，地球表面で平均すると約 ア W/m²となる。

　地表に到達する太陽放射のほとんどは イ である。これよりも波長の短い ウ の多くは成層圏中のオゾン層によって吸収される。

　また，地球大気を構成する主要成分のうち エ と オ は地表から放射される カ を吸収して，その大部分を再び地表に放射する。この温室効果による気温上昇量は約33℃におよび，液体の海と生命の存在を可能にする気温をもたらしている。

問1 上の文章中の空欄 ア に入れる数値として最も適当なものを，次の①～④のうちから一つ選べ。 | 1 |

① 240　　② 340　　③ 410　　④ 960

問2　前ページの文章中の空欄　イ ・ ウ ・ カ　に入れる電磁波の名称の組合せとして最も適当なものを，次の①〜⑥のうちから一つ選べ。　2

	イ	ウ	カ
①	可視光線	赤外線	紫外線
②	可視光線	紫外線	赤外線
③	赤外線	紫外線	可視光線
④	赤外線	可視光線	紫外線
⑤	紫外線	赤外線	可視光線
⑥	紫外線	可視光線	赤外線

問3　前ページの文章中の空欄　エ ・ オ　に入れる気体の化学式の組合せとして最も適当なものを，次の①〜④のうちから一つ選べ。　3

	エ	オ
①	H_2O	CO
②	H_2O	N_2
③	CO_2	H_2O
④	CO_2	O_2

B 大気と海洋の相互作用に関する次の文章を読み，下の問い(問4～6)に答えよ。

　南アメリカ大陸西岸では(a)南東貿易風が卓越しているため，転向力(コリオリの力)の影響を受けて表層の海水は沖方向に流され，深層から冷水が湧昇している。このため，太平洋赤道域の海面水温は西で高く，東で低い状態になっている。この結果，海洋の東側の冷水は海面付近の空気を冷やして気圧を　キ　，西側の暖水は大気中の対流活動を活発にして気圧を　ク　ている。

　このような状態に対して，南アメリカ大陸西岸～太平洋熱帯域にかけての海水温が数年に一度，平均値よりも1～2℃，ときには2～5℃高い状態が1年から1年半ほど続く状態が現れる。これを　ケ　現象と呼び，日本にも(b)冷夏や暖冬をもたらすなどの影響を及ぼしている。

問4　上の文章中の下線部(a)に関連して，南東貿易風とそれに作用する転向力の向きを示した図として最も適当なものを，次の①～④のうちから一つ選べ。ただし，紙面上方を北とする。　4

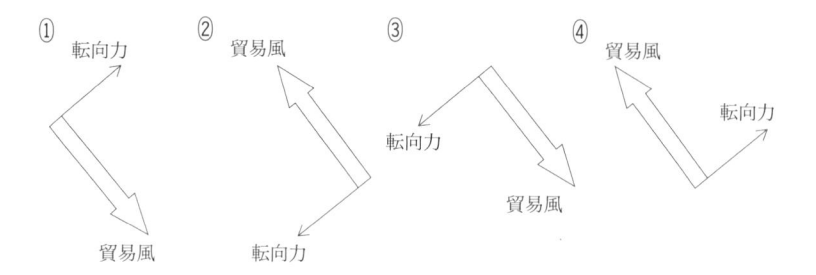

問5　前ページの文章中の下線部(b)に関連して，東北日本に冷夏をもたらす高気圧について述べた文として最も適当なものを，次の①〜④のうちから一つ選べ。　5

① オホーツク海高気圧から吹き出す北東の風が冷夏をもたらす。
② シベリア高気圧から吹き出す北西の風が冷夏をもたらす。
③ 北太平洋高気圧（小笠原高気圧）から吹き出す南東からの風が冷夏をもたらす。
④ 移動性高気圧に覆われ，放射冷却が続くことによって冷夏がもたらされる。

問6　前ページの文章中の空欄　キ　〜　ケ　に入れる語の組合せとして最も適当なものを，次の①〜⑥のうちから一つ選べ。　6

	キ	ク	ケ
①	上げ	下げ	エルニーニョ
②	上げ	下げ	ラニーニャ
③	上げ	下げ	エルチチョン
④	下げ	上げ	エルニーニョ
⑤	下げ	上げ	ラニーニャ
⑥	下げ	上げ	エルチチョン

第5問 天体に関する次の問い(A・B)に答えよ。

〔解答番号 [1] ～ [6] 〕（配点 20）

A 太陽系に関する次の文章を読み，下の問い(**問1～3**)に答えよ。

　太陽系の範囲は惑星が公転している領域だけでなく，その外側にも大きく広がっている。海王星の軌道の外側には太陽系外縁天体と呼ばれる小天体が数多く存在し，さらにその外側を公転する小天体も発見されている。たとえば，2003年には近日点距離約76天文単位，遠日点距離約940天文単位の小天体セドナ(直径約1500 km)が発見されている。この天体は(a)小惑星最大のケレスよりも大きく，このような天体はこれからも発見される可能性が高い。

問1　セドナの公転周期はおよそ何年か。最も適当な数値を，次の①～④のうちから一つ選べ。[1]年

① 660　　② 1010　　③ 11000　　④ 29000

問2　上の文章中の下線部(a)に関連して，小惑星ケレスについて述べた文として最も適当なものを，次の①～④のうちから一つ選べ。[2]

① 水素とヘリウムを主成分とし，厚い大気に覆われている。
② 火星の公転軌道と木星の公転軌道の間を公転している。
③ おもに氷からなる天体で，太陽に近づくと尾が形成される。
④ 岩石よりなる天体で，その直径は月の直径よりも大きい。

問3　太陽系の惑星は地球型惑星と木星型惑星に分類できる。木星型惑星の特徴として**誤っている**ものを，次の①～④のうちから一つ選べ。[3]

① 地球型惑星よりも半径・質量が大きい。
② 地球型惑星よりも密度が小さい。
③ 地球型惑星よりも自転周期が長い。
④ 地球型惑星よりも公転周期が長い。

B　銀河に関する次の文章を読み，下の問い(**問4〜6**)に答えよ。

　約137億年前，われわれの宇宙は誕生し，膨張を続けている。その証拠の一つにハッブルの法則がある。遠方の銀河から来る光を観測すると　ア　にスペクトルが偏移していることから，その銀河までの距離を推定することができる。

　銀河の形はさまざまであるが，ハッブルはその形態により，楕円銀河，渦巻銀河，不規則銀河などに分類した。太陽系が属する銀河系は渦巻銀河の一つであり，その中心から約2.8万光年離れた円盤部に太陽系は位置する。円盤部を取り巻くハローには球状星団が分布している。

問4　上の文章中の空欄　ア　に入れる語句として最も適当なものを，次の①〜④のうちから一つ選べ。　**4**

① 波長の短い青方　　② 波長の短い赤方

③ 波長の長い青方　　④ 波長の長い赤方

問5　P銀河団の後退速度は1000 km/sで，Q銀河団の後退速度は5000 km/sである。Q銀河団までの距離はP銀河団までの距離の何倍か。最も適当な数値を，次の①〜④のうちから一つ選べ。　**5**　倍

①　0.5　　②　5　　③　50　　④　500

問6　球状星団の特徴について述べた文として最も適当なものを，次の①〜④のうちから一つ選べ。　**6**

①　重元素を多く含む種族Ⅰ(第Ⅰ種族)の恒星からなる。

②　重元素を多く含む種族Ⅱ(第Ⅱ種族)の恒星からなる。

③　重元素の少ない種族Ⅰ(第Ⅰ種族)の恒星からなる。

④　重元素の少ない種族Ⅱ(第Ⅱ種族)の恒星からなる。

実況中継CD-ROMブックス
私たちはこうしてセンター試験を突破しました!!

"実況中継CD-ROMブックス"は、自宅での学習を手助けする"実況中継セミナー"として、CD版・WEB版の形で販売されてきたものを書籍化したものです。"実況中継セミナー"を受講し、センター試験で高得点をGETした先輩たちから寄せられたメッセージの中からいくつかを拾って、ご紹介いたします。皆さんのこれからの学習にお役立てください。

●名古屋大学　文学部　合格
G.C.さん（私立鶯谷高校）

私は**生物**が苦手で、センターの模試の得点も5割に満たないような有様でした。これでは本当に危ないと思い、12月から**宇城先生**の『**実況中継**』と「実況中継セミナー」（"**実況中継CD-ROMブックス**"を指します。以下略）を併用して集中的に学習したら、直前の模試でいきなり8割も得点できたのです。これが自信となり、本番では気持ちに余裕が持てました。他に、**中川先生の英語、朝田先生・野竿先生の数学**も受講しましたが、「実況中継セミナー」の教材はどれも分野別に重要事項がムダなくまとまった構成で、自分の弱点がはっきりわかり、そこを重点的に勉強しました。おかげで第1志望の大学に合格でき、今は充実感と感謝の気持ちでいっぱいです。ありがとうございました！

●立教大学　社会学部　合格
T.H.さん（私立渋谷教育学園渋谷高校）

まったくセンター対策をしていなかった私は「実況中継セミナー」のチラシを見て「これなら攻略できる！」と思い即入会しました。「実況中継セミナー」の特に優れている点は、「一流の講師に学べる」というところです。人気講師の講義を、自宅で独り占めして受講する気分は最高でした。**安藤先生**の「**センター地学I**」講座は分かりやすく、おかげで勉強もはかどり、センター試験ではバッチリ高得点をゲット。「実況中継セミナー」には一人で勉強していては気付かないような解法がぎっしり詰まっています。超一流の講師を大いに活用して楽しく学んでください！

●慶應義塾大学　理工学部　現役合格
K.Y.さん（県立鶴見高校）

高校入学当初、こんなことを考えていました。「高校入試が終わったばかりだけど、今から勉強して、後で楽をしよう……」と。いざ高校の授業が始まると、なんと「2次関数」で挫折！今思うとばかばかしいことですが、それが原因で勉強をしなくなってしまいました。そうこうしているうちに2年生。もちろん学校での成績は言うまでもありません。書店で立ち読みをしたときのことです。「この本、なんかよさそうだな……」と思い『実況中継』を購入することにしました。

『実況中継』を何度も何度も読みました。読むほどに『実況中継』のよさがわかってきた僕は、「実況中継セミナー」に入会しました。はっきり言って、「自分は今まで何を悩んでいたんだろう？」と思うほど、わからなかったことがクリアになりました。特にお薦めは、**小川先生**の「**センター化学**」講座。全5回（約5時間）というコンパクトな時間で、基礎確認はもちろん、苦手な分野まで克服できました。しかも、小川先生の説明は"**明快**"の一言に尽きます。皆さんも聴いてみれば納得すると思います。さらに、1回の講義が1時間ほどなので、適度な緊張感と集中力で受けられました。

「実況中継セミナー」は繰り返すことがなにより基本です。「実況中継セミナー」でわからない問題があっても、聴き直せば絶対理解できるはずです。その後、復習を忘れずに。勉強を始める前に、今日一日の範囲を決めます。ただし、大切なのは、「集中力」です。どんなに時間をかけても集中していなければ力はつきません。皆さんは大切な時間を有効に使い、よい結果が出るように頑張ってください。応援しています！

●愛媛大学　法文学部　現役合格
F.C.さん（県立松山南高校）

私が「実況中継セミナー」に入会した動機は、広告を見た母に薦められたからです。学校ではきちんと集中できていたのに、家に帰ると眠気やテレビの

誘惑に負けてしまいました。でも「実況中継セミナー」なら一度取りかかったら集中して学習することができました。
　「実況中継セミナー」を始めたのは高校3年。あまり時間の余裕が無く焦りましたが、講義が約1時間ずつ区切られて学校の授業感覚で取り組めるのが気に入りました。高校3年の夏休み前まで**生物**が苦手でしたが、**宇城先生**のわかりやすい解説で好きになれました。
　CDで講義を聴き、一度学習した箇所は絶対に忘れないよう何度も繰り返す……、こうしていくうちに模試の点数も上がり、センター試験でも高得点を取ることができました。

●鹿児島大学　歯学部　合格
　　　　　　　D. Y. さん（私立池田学園高校）

　私は今年のセンター試験の**地理B**で100点を取ることができました。もともと地理が好きだったのですが、成績がなかなか上がらず、昨年、現役時代に受けた試験では8割も得点できず、自分にとって納得のいくものではありませんでした。
　友人から「実況中継セミナー」を薦められ、夏休みから1教科だけ**瀬川先生**の地理を受講することにしました。
　単に重要事項を羅列して覚えさせるのではなく、地理的な思考力を養ってくれるような講義だったので、とても新鮮な気持ちで楽しく聴けました。
　夏からの半年で成績はどんどん上がり、もっと早く「実況中継セミナー」と出会えていればよかったなあと思いました。これが今の正直な感想です。

●同志社大学　社会学部　現役合格
　　　　　　　　　　S.T. さん（県立昭和高校）

　「実況中継セミナー」との出会いは高校3年の秋だったと思います。高校の**世界史**の授業はセンター本番までに全範囲が終わらないという状態でした。不安になり先輩に相談したところ、「実況中継がいちばん覚えやすい。絶対に成績は上がるぞ」と薦められました。
　半信半疑で書店へ行き『青木世界史B講義の実況中継』を購入しました。話すように書かれているからか、とても読みやすく、まるで物語を読んでいるみたいでした。あっという間に5巻まで全て読み終え、付録CDは寝る前や電車の中でひたすら聞きました。
　2ヶ月後、偏差値が50から63まで上がりました。もしかしてCDを使った「実況中継セミナー」で勉強すれば苦手な**古文**や**漢文**も成績UPできるのではと思い、すぐに「実況中継セミナー」に入会しました。CDの中で先生が話すことを頭の中で繰り返しながら、飽きることなく毎日聞きました。
　センター試験本番では文系3教科（英・国・社）の合計が9割を突破。見事志望校に現役合格することができました。
　受験生の皆さん、必死に活字を追うのもいいですけど、CDを使った音声学習ははるかにスピードも速く、記憶が定着しますよ。ぜひ「実況中継セミナー」をお薦めします。目標に向かって頑張ってください。

●日本大学　法学部　合格
　　　　　　Y.K. さん（私立流通経済大学付属柏高校）

　予備校に通うことにためらいを感じていた僕は、『実況中継』に入っていた広告を見つけた時、これだ!!と思いました。いつでも気軽に聞ける有名講師陣の講義は、本当にためになりました。これさえやっておけば大丈夫だなという安心感もありました。
　通学中はもちろん、出かける時はいつも講義をiPodに落として持ち歩いていました。何度も聞くうちに自然と先生の言葉が頭に浮かぶまでになっていました。繰り返し聞けてこの値段は本当にお買い得だと思います。
　僕は政治経済が大の苦手だったので、**川本先生**の「**センター政治経済**」講座をいちばんよく聞きました。何回も同じところを聞く事により、政治経済的な考え方や論理的思考能力がたいへん身に付き、入試本番では高得点を取ることができました。
　最終的には、受講した**英語**、**国語**、**政治経済**のすべての教科で10以上偏差値が上がっていました。
　無事志望大学に現役合格できたのは、本当に「実況中継セミナー」の先生方のおかげです。ありがとうございました。

●埼玉大学　教育学部　現役合格
　　　　　　　　　K. N. さん（県立浦和高校）

　センター試験が大きなウエイトを占める国立大学を受験しようと考えていた僕は、その科目数の多さを前にして、途方に暮れていました。そんな僕が3年生の夏休みに『実況中継』に出会ったときの感動は忘れることができません。スラスラ読めて、本当に「3日」で要点を押さえることができたのです。特に**化学**の**小川先生**の説明がわかりやすいのには感動し、『実況中継』を読むだけでセンター試験本番は満点を取ってしまったほどです。2次試験でも高得点を取るべく「実況中継セミナー」を受講する決意をしました。「実況中継セミナー」は『実況中継』で身に付けた知識を、入試で活かせるようレベルアップさせてくれるものであり、CDを聴いているときはまるで予備校の

授業を受けているような感覚でした。解法を覚えるまで何度も聴きました。特に、**瀬川先生**の**地理B**や**川本先生**の**現代社会**のような暗記科目に至っては、電車の中でも聴けたので、一切無駄な時間を作ることなく、最短の道のりで志望校に到達できました。

●関西大学　総合情報学部　現役合格
S. H. さん（府立豊中高校）

センターまであと2ヶ月……、「実況中継セミナー」に入会したのは最後の追い込み期でした。現代文の成績が安定せず、伸び切れていなかった僕は、高校の先生の薦めで『**出口現代文**』を買い、「実況中継セミナー」にも入会しました。現代文読解の論理を身に付けることができ、問題に対して自信を持って解答できるようになりました。おかげで実力もなんとかギリギリで上昇し、無事に現役合格することができました。もっと早くから始めて、そしてもっと多くの講座を受講していたら、さらに大きな目標に近づけたんじゃないかと思っています。

●北九州市立大学　法学部　合格
K.N. さん（県立小倉西高校）

私の志望した大学は、センター試験の結果が重視されます。どうしてもいい結果を出したかったので、以前から愛用していた『実況中継』シリーズの演習版の「実況中継セミナー」に入会して、本番に備えることにしました。私のこの判断は正解でした。問題の傾向、解答の順番から、時間配分についてまで、まるでそこに先生がいるかのように事細かに指導してくれます。しかも予備校と同じ授業ができるのに、CDなので聞き逃しの心配もありません。安心して勉強ができたおかげで、本番までじっくり対策が練られました。「実況中継セミナー」はまさにいいとこどりの教材といえます。

●旭川医科大学　医学部　合格
K. M. さん（道立札幌月寒高校）

看護系大学を志望していた私にとって最大の壁は社会科でした。所属が理系クラスだったため社会の授業が少なく、自己学習にも限界がありました。現役時の受験は失敗。しかし、『実況中継シリーズ』の良さを知っていた私は、迷わず**川本先生**の「**センター政治・経済講座**」を受講。適度な問題量と丁寧な解説により、少しずつ確実に力がつきました。現役生の時には50点しか取れなかったのが、80点台の高得点を取る結果に！2度の受験を通して、苦しいこともありましたが、今は充足感を味わう毎日です。

●新潟大学　理学部　合格
S. H. さん（道立旭川西高校）

私は国語が大の苦手なのに志望学科は国語が必修。途方に暮れていた時、書店で『実況中継』を読んで、「実況中継セミナー」の存在を知り、早速苦手な**現代文**、**古文**、**漢文**を受講してみました。先生方のポイントを押さえた丁寧な解説を聴くうちに解き方のコツがつかめ、問題を解くスピードも上がり、実力がついたのが実感できました。更に、苦手科目が解消されて気持ちがラクになったおかげで、他の教科の偏差値も伸び、無事に第一志望に合格できました。「実況中継セミナー」には本当に感謝しています。

●成蹊大学　文学部　合格
I.T. さん（私立富士見丘高校）

高校3年生になり、周りの人がみな予備校に通い始めました。しかし私の家の近くには予備校がなく、学校の後、遠いところまで通うのは時間と労力の無駄に思えました。そこで、自宅でできる勉強法はないかと探していたところ、偶然にも書店で『実況中継』に出会い、「実況中継セミナー」があることを知りました。「実況中継セミナー」のようにCDで学ぶ教材は今までになく、とても新鮮に感じたのが入会をしたきっかけです。

5月から少しずつ**英語**と**国語**の教材を取り寄せました。参考書を読むだけでは納得いかないところもCDを聞くことで理解できました。夏休みには朝から眠気覚ましにCDを流してリズムを作り、あとは計画どおり「実況中継セミナー」を進めました。

私の学習スタイルは「『実況中継』→問題→CD講義→『実況中継』で再確認」です。これを繰り返すことで毎回違った発見があります。気づかず読みとばしていた箇所も確認できるようになります。しかも、先生方の講義は早く次へ進みたくなるほどおもしろく、長時間の勉強が負担になりません。

だんだん文章のどこに力点を置いて読めばよいかわかってきて、作者の主張・話の主旨もつかめるようになりました。夏休みが終わる頃には、苦手な英語も高得点が可能になったのには驚きです。

受験勉強中には焦らず計画的に進めれば挫折も少なくなります。また、夏休みをいかに有効に使うかが大切です。疲れたときは志望大学のパンフレットを見ながら楽しい大学生活を想像してみてください。頑張ろうという気持ちが出てくるはずです。他の人の意見に左右されることなく、進むべき道は自分でしっかり見極め、自分のスタイルを確立し頑張ってください。

教科書をよむ前によむ 実況中継シリーズ

「3日で読める!!」と評判の「実況中継」は，高校生の定番参考書です。

「読むだけで，スルスル頭に入ってくるから不思議です!!」「もっと早めに読むんだった!!」などなど，人気の「実況中継」シリーズは，1,000万部を超えるベストセラーです。

実況中継シリーズ

山口英文法（上）	1050円
同　　（下）	1050円
同　問題演習	1050円
本英語長文（初級）（上）	1050円
同　（初級）（下）	1260円
同　（中級）（上）	1050円
同　（中級）（下）	1260円
同　（上級）（上）	1155円
同　（上級）（下）	1260円
横山ロジカル・リーディング	1260円
横山メタロジック会話英語	1260円
大矢英作文	998円
大矢英語読み方	1155円
西英文読解	1155円
石井看護医療技術系英語	1470円
NEW出口現代文①	1155円
同　②	1155円
同　③	1260円
出口小論文①	1365円
同　②	1155円
NEW望月古典文法（上）	1260円
同　（下）	1470円
飯塚漢文入門（上）	1050円
同　（下）	1260円
野竿数と式ほか	1155円
野竿確率ほか	1155円
朝田指数・対数ほか	1155円
朝田図形と方程式ほか	1155円
朝田数列／ベクトル	1155円
権田地理B（上）	1029円
同　（下）	1050円
NEW石川日本史B①	1050円
同　②	1155円
同　③	1260円
同　④	1260円
同　文化史⑤	1260円
石川日本史B　CD解説問題集①	1029円
同　②	1029円
同　③	1029円
同　④	1029円
同　⑤	1155円
NEW青木世界史B①	1155円
同　②	1260円
同　③	1260円
同　④	1365円
同　文化史⑤	1365円
青木世界史B　CD解説問題集①	1029円
同　②	1029円
同　③	1029円
同　④	1029円
NEW浜島物理Ⅰ・Ⅱ（上）	1050円
同　（下）	1260円
NEW斉藤化学Ⅰ・Ⅱ①	1155円
同　②	1155円
同　③	1260円
同　④	1260円
NEW鞠子医歯薬獣生物①	1995円
同　②	1995円
同　③	1995円

センター実況中継シリーズ

中川センター英語	1260円
石井センターリスニング	1575円
出口センター現代文	1470円
望月センター古文	1470円
飯塚センター漢文	1260円
野竿センター数学Ⅰ・A	1365円
朝田センター数学Ⅱ・B	1365円
小川センター化学Ⅰ	1260円
宇城センター生物Ⅰ	1260円
安藤センター地学Ⅰ	1365円
樋口センター日本史B	1575円
植村センター世界史B	1575円
瀬川センター地理B①	1470円
同　②	1470円
川本センター倫理	1260円
川本センター政治・経済	1470円
川本センター現代社会	1260円

2011年10月 現在

只今，全国書店で発売中です。

＊インターネットからでもご注文いただけます＊

語学春秋　検索　http://goshun.com

英熟語 イディオマスター
idiomaster

山口俊治 著
新書判（3色刷） 定価／**1,050**円（税込）

ベストセラー『NEW 山口英文法講義の実況中継』の山口俊治先生が贈る，「最小の努力で最大の成果」を生む，熟語集イディオマスター!!

■ **必要十分な量を最長 10 週間でマスター。**
本書では標準的な「10 週プラン」を提案していますが，重要語句だけに絞って「4 週」でこなすなど，あなたの学習プランをつくることができます。

■ **どのレベルからでも開始できる，5 段階構成。**
英熟語を重要度に応じて 5 つのステージに分類してあります。どのステージからでも学習が可能です。

■ **英作文，穴埋め，読解問題から英会話表現まで応用範囲の広い熟語を，セットで覚える 800 項目。**
まとめて覚えられるように，大学入試に必要なすべての熟語を 800 項目にまとめました。

■ **例文はすべて入試出題例から。合否を決定づけるレベルには実戦問題を掲載。**
もちろんすべての熟語に，入試英文に出た例文付き。さらに最重要ステージの「合否を左右する熟語」については，実戦例題も併記してあります。

＊ インターネットからでもご注文いただけます ＊

http://goshun.com ｜ 語学春秋 ｜ 検 索